Die Uhr und ihre Funktionen

Impressum

HEEL Verlag GmbH
Gut Pottscheidt
53639 Königswinter
Telefon: 02223 92300
Fax: 02223 923026
Mail: info@heel-verlag.de
Internet: www.heel-verlag.de

8. Auflage, 2021

Korrigierte, neu gesetzte Neuauflage, seinerzeit beim Callwey-Verlag, München, erschienen unter dem Titel „Die Funktion der Uhr" (1994), später dann beim Verlag Th. Schäfer, Hannover, (2003) unter dem Titel „Die Uhr und ihre Mechanik".

Hinweis des Verlages: Diese Neuauflage ist durch die freundliche Genehmigung der Familie Menny möglich geworden – herzlichen Dank. Dieser geht auch an Peter Schiedt für die Durchsicht des Manuskripts.

Layout und Satz: Michael Stern, Berlin
Umschlaggestaltung: A. Mertens, Heel Verlag

Printed in Czech Republic

ISBN 978-3-86852-506-9

Klaus Menny

Die Uhr und ihre Funktionen

Für Sammler und Liebhaber

(Hrsg. Michael Stern)

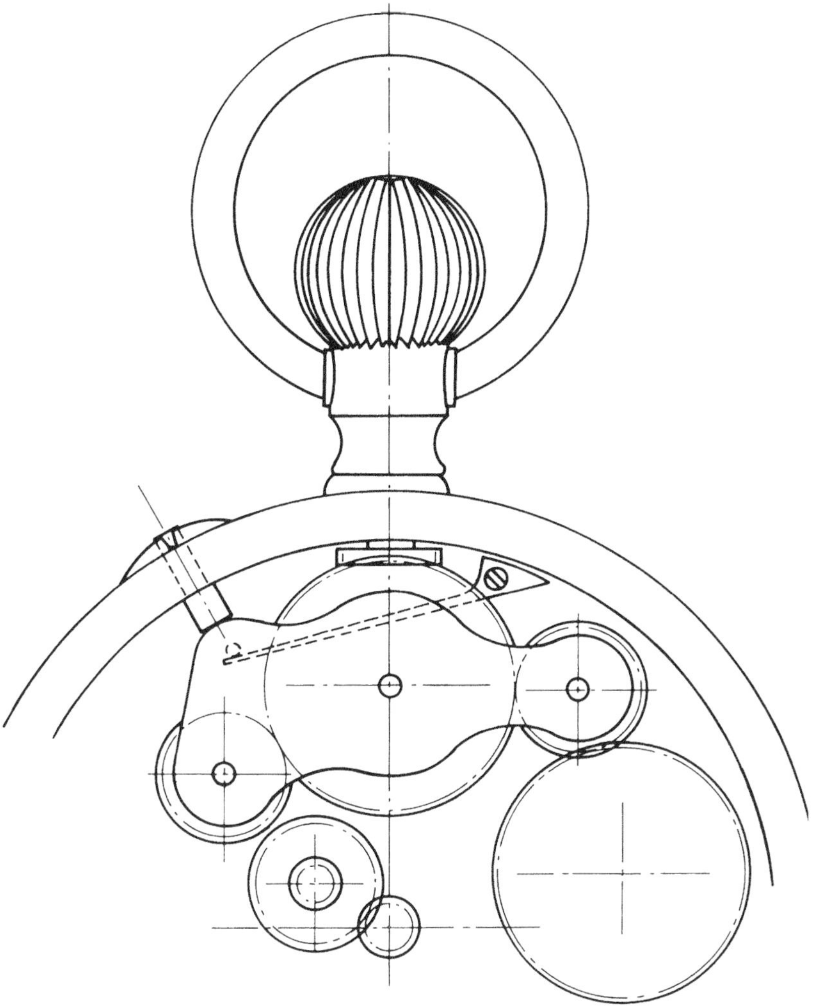

HEEL

Über den Autor

Klaus Menny wurde 1930 in Potsdam geboren. Nach seinem Abitur studierte er das Fach Maschinenbau an der Berliner Technischen Universität.

Als Diplom-Ingenieur arbeitete er dann bei der Firma Voith in Heidenheim, Baden-Württemberg.

Danach lehrte er als Professor an der Fachhochschule in Hannover das Fach Maschinenbau. Sein Spezialgebiet waren die Strömungsmaschinen, über die er auch einige Bücher publizierte.

Dem Hobby „mechanische Uhren" widmete er seine Freizeit. In diesem Rahmen übersetzte er Uhrenbücher und Fachartikel vom Englischen ins Deutsche (z. B. Penman „Alte Uhren reparieren", Smith „Standuhren reparieren") und schrieb dieses Uhrenbuch.

Leider blieb sein letztes Projekt – die Konstruktion und der Bau einer Holzräderuhr – unvollendet.

Klaus Menny verstarb 2007 in Hannover.

Inhalt

Vorwort

Jeder Mensch
treibt seine Liebhabereien sehr ernsthaft,
meistens ernsthafter
als seine Geschäfte.
(Goethe)

Mechanische Uhren gibt es seit dem 13. Jahrhundert. Sie gehören damit zu den ältesten Erzeugnissen „moderner" Technik. Der in ihnen verwirklichte Erfindungsreichtum, ihre komplizierte und sinnreiche Mechanik und nicht zuletzt ihre Schönheit haben von jeher nicht nur den Fachmann begeistert, sondern auch und gerade solche Menschen, deren berufliche Aufgaben nichts mit der Fertigung oder der Reparatur dieser Werke zu tun hatten. In unserer Zeit, da die mechanischen Uhren zunehmend von ihren elektronischen Nachfolgern verdrängt werden, hat diese Faszination eher noch zugenommen. Ja gerade dass sie beginnen, unmodern zu werden, verleiht den mechanischen Uhren einen nostalgischen Reiz.

Es gibt eine ganze Reihe guter Bücher über die Geschichte der Zeitmessung. Mit diesen Standardwerken zu wetteifern, die durch ihre aufwendigen Bildteile auch meist sehr teuer sind, ist nicht meine Absicht. Vielmehr habe ich mich bemüht, den Umfang des vorliegenden Buches durch die Beschränkung auf den technischen Aspekt bewusst knapp zu halten. Ohne auf künstlerische oder stilkundliche Fragen zur Gestaltung der Gehäuse einzugehen, habe ich versucht, die Technik mechanischer Uhren einigermaßen vollständig zu behandeln, wenn auch wirkliche Vollständigkeit bei diesem Thema kaum zu erreichen ist. Ich denke, dass es Uhrenfreunde geben wird, die gerne verstehen möchten, welche mechanischen Abläufe in Uhren vorgehen, welche Gesichtspunkte bei ihrer Konstruktion und Fertigung beachtet worden sind und welche klugen Erfindungen gemacht wurden, um die Genauigkeit und Zuverlässigkeit der Zeitmesser zu verbessern oder auch den Komfort für den Benutzer zu erhöhen. Obgleich elektromechanische und elektronische Uhren nicht zum eigentlichen Thema gehören, ist ihnen ein kurzer Abschnitt im Anhang gewidmet worden.

Irgendwelche Vorkenntnisse werden nicht vorausgesetzt, auch keine mathematischen. Lediglich im Kapitel über die Gangregler bin ich der Versuchung erlegen, einige wenige Formeln anzugeben. Einfacher als in der Sprache der Mathematik lassen sich manche Zusammenhänge nicht beschreiben. Aus Rücksicht auf solche Leser, die allein schon durch den Anblick von Gleichungen erschreckt und abgestoßen werden, habe ich aber versucht, wo immer mir das möglich war, theoretische Berechnungen durch anschauliche Zeichnungen oder Diagramme zu ersetzen. Einige Fachbegriffe habe ich im Anhang zum raschen Nachschlagen knapp erläutert. Ich hoffe, auch auf diese Weise einen vernünftigen Kompromiss zwischen der nötigen Klarheit und der erwünschten leichten Lesbarkeit gefunden zu haben.

Herrn Uhrmachermeister Habinger in München danke ich für die kritische Durchsicht des Manuskripts und manche guten Ratschläge.

In dieser korrigierten Auflage wurden Kleinigkeiten korrigiert und die neue deutsche Rechtschreibung verwendet.

Klaus Menny
Ronnenberg 2002

Zeit und Zeitmessung

Ein jegliches hat seine Zeit,
und alles Vornehmen unter dem Himmel
hat seine Stunde.
(Prediger 3. 1)

Einleitung

Eine Uhr dient dem Zweck, die Zeit zu messen. Aber was ist eigentlich Zeit, und wie kann man sie messen? Die erste dieser beiden Fragen macht überraschend große Schwierigkeiten. Obgleich bedeutende Philosophen, unter anderen Aristoteles, Kant und Heidegger, darüber nachgedacht haben, ist es nicht möglich, in wenigen Sätzen zusammenzufassen, was Zeit ist, möglicherweise weiß es auch niemand. Das ist um so erstaunlicher, als ja die Zeit eine Grunddimension des Lebens schlechthin ist und jedermann zu wissen glaubt, was sie ist. „Wenn niemand mich danach fragt, weiß ich's, will ich's aber einem Fragenden erklären, weiß ich's nicht", sagt Augustinus über die Zeit.

In der Physik, wo sie zu den wichtigsten Grundgrößen zählt, war bis in den Anfang des 20. Jahrhunderts die von Newton gegebene Beschreibung wohl unumstritten, der gesagt hat: „Die absolute, wahre und mathematische Zeit verfließt an sich und vermöge ihrer Natur gleichförmig und ohne Beziehung auf irgendeinen äußeren Gegenstand."

In der modernen relativistischen Physik gilt dieser Zeitbegriff nicht mehr. Die Zeit ist keine absolute Größe, sondern sie hängt vom Bezugssystem des Beobachters ab. Überdies ist der Zeitbegriff aufs engste mit dem des Raumes verwoben. Das geometrische Verhalten von Körpern und der Gang von Uhren sind von der Geometrie der Raum-Zeit abhängig. Albert Einstein wird der Ausspruch nachgesagt: „Zeit ist, was mit Uhren gemessen wird." In der Tat hätten wir überhaupt keine Möglichkeit, Newtons absolute Zeit, wenn es sie gäbe, wahrzunehmen oder gar zu messen.

Möglich ist es einzig und allein, die Dauer einer Bewegung mit irgendeiner anderen Bewegung zu vergleichen, zum Beispiel mit der Erdumdrehung oder der Drehung des Uhrzeigers. Man beachte aber den Unterschied zu anderen physikalischen Größen. Während etwa eine elektrische Spannung unter Ausnutzung bestimmter physikalischer Effekte den Zeiger des Voltmeters ausschlagen lässt, kann die Zeit selbst keine Uhr bewegen.

Die Einteilung der Zeit

in Jahre, Monate und Tage ergibt sich aus astronomischen Fakten und muss als naturgegeben hingenommen werden. Die weitere Unterteilung in Stunden, Minuten und Sekunden ist dagegen rein willkürlich und nicht einmal besonders zweckmäßig, da sie zu unserem dezimalen Zahlensystem nicht passt. Während es kinderleicht ist, einen Euro-Betrag in Cent umzurechnen, erfordert es schon etwas Kopfrechnen, um eine in Tagen, Stunden und Minuten gegebene Zeitspanne in Sekunden auszudrücken. Die aus dem babylonischen Kulturkreis stammende Unterteilung auf der Grundlage der Zahlen 12 und 60 ist indessen so alt und so fest in unserem Alltagsleben verwurzelt, dass es wohl keinen Sinn hätte, hieran etwas zu ändern. Während der Französischen Revolution hat es einen solchen Versuch gegeben, der aber nur vorübergehend erfolgreich war. Uhren aus dieser Zeit haben oft außer dem Dezimalzifferblatt noch eine Anzeige der konventionellen Art (Abb. 1.1, S. 12). Da zwar der Tag in beiden Fällen gleich lang ist, aber die Dezimalstunden länger sind als die herkömmlichen (2,4 h), kommt man mit einem gemeinsamen Stundenzeiger aus, für die Minuten sind dagegen zwei Zeiger nötig, ein schneller für die herkömmlichen und ein langsamer für die Dezimalminuten.

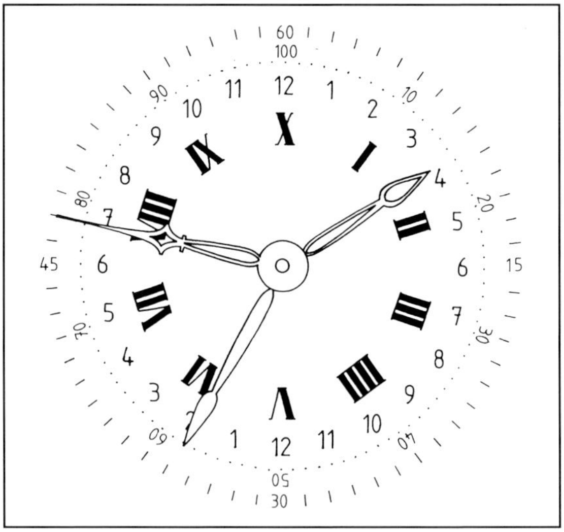

1.1 Zifferblatt einer Revolutionsuhr mit dezimaler und konventioneller Zeitangabe. Von innen nach außen: 10 Dezimalstunden, zwei mal 12 konventionelle Stunden, 100 Dezimalminuten, 60 konventionelle Minuten

Die Sekunde

als die Grundeinheit der Zeitmessung war bis zum Jahre 1967 als der 86.400. Teil des mittleren Sonnentages definiert, wobei der Bezug auf einen „mittleren" Sonnentag deshalb nötig ist, weil die Eigendrehung der Erde relativ zur Sonne im Laufe eines Jahres bestimmten periodischen Schwankungen unterworfen ist. Diese Relativbewegung entsteht durch die Überlagerung der Erdrotation mit dem Umlauf der Erde um die Sonne. Die Letztere gehorcht dem zweiten Keplerschen Gesetz[1] und hat deshalb keine konstante Geschwindigkeit.

So weicht die „wahre Sonnenzeit", die von einer Sonnenuhr angezeigt wird, von der „mittleren Zeit" unserer Armbanduhren mehr oder weniger stark ab, bis zu etwa 16 Minuten. Diese als Zeitgleichung bezeichnete Differenz wird auf dem Zifferblatt manch einer alten Uhr angezeigt, um dem Benutzer jederzeit eine Kontrolle anhand einer Sonnenuhr zu ermöglichen.

Nun hat sich aber auch die Präzision der Erdumdrehung gegenüber dem Fixsternhimmel für genaueste physikalische Messungen als nicht ausreichend erwiesen. Auch hier gibt es mit dem Jahreszyklus periodische Schwankungen, und außerdem nimmt die Drehgeschwindigkeit der Erde stetig, wenn auch geringfügig ab. Deshalb ist die Sekunde heute als das 9.192.631.770-fache der Schwingungsdauer einer bestimmten Strahlung des Cäsiumatoms festgelegt.

Cäsiumatomuhren sind nämlich die genauesten Uhren, die heute verfügbar sind. So hat man ausgerechnet, dass die Atomuhren der Physikalisch-Technischen Bundesanstalt in Braunschweig erst in 3 Millionen Jahren um eine Sekunde vom wahren, der Sekundendefinition entsprechenden Wert abweichen würden.

Zur Angleichung der Zeitmessung mit unveränderlich langen Sekunden an die nicht konstante Erddrehung werden von Zeit zu Zeit, gewöhnlich in der Silvesternacht, Schaltsekunden eingefügt.

[1] s. Begriffserklärungen S. 87

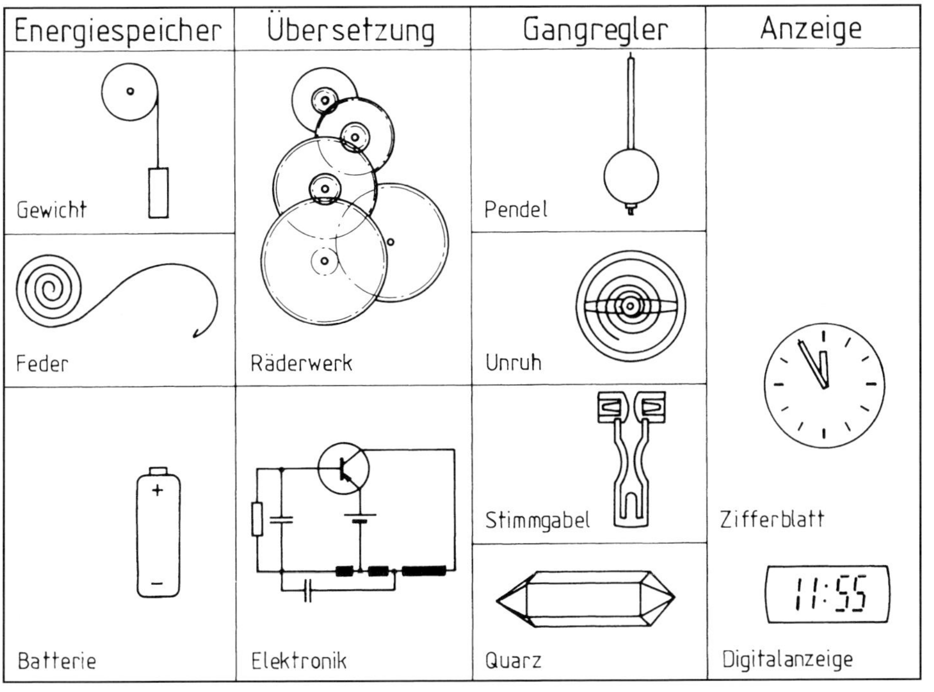

1.2 Baugruppen von Uhren

Aufbau und Funktionsweise einer einfachen mechanischen Uhr

Grundprinzip: In allen heute verwendeten Uhren bildet ein schwingungsfähiges System die Grundlage der Zeitmessung. Das muss bei weitem keine Atomschwingung sein, es kann ein Pendel, eine Unruh, eine Stimmgabel oder ein Quarzkristall sein. Wichtig ist nur, dass die Schwingungszeit des Gangreglers möglichst konstant ist, damit für die Zeitmessung ein Vergleichsnormal zur Verfügung steht.

Ein weiteres Bauelement einer jeden Uhr ist ein Energiespeicher, aus welchem dem Schwinger so viel Energie zugeführt wird, dass er trotz der unvermeidlichen Reibungsverluste weiter arbeitet. Dies kann ein hochgezogenes Gewicht sein, eine gespannte Feder oder eine elektrische Batterie. Weiter ist eine Übersetzung notwendig, eine Einrichtung, welche die Energie vom Speicher bis zum Schwingungssystem überträgt, wofür ein Zahnradgetriebe oder auch eine elektronische Schaltung in Frage kommen.

Schließlich ist eine Einrichtung nötig, um die Zahl der Schwingungen zu zählen und in geeigneter Weise anzuzeigen. Dazu gibt es analoge oder digitale Anzeigen. Auf dem bekannten Zifferblatt wird die Zeit auf eine analoge Größe, den Winkel zwischen der 12 und den Zeigern, abgebildet. Die Flüssigkristallanzeige einer elektronischen Uhr gibt die Zeit in festgelegten kleinsten Schritten, meist Sekunden, digital, also zahlenmäßig, an.

In Abbildung 1.2 ist ein Überblick über die verschiedenen Möglichkeiten zur Verwirklichung der genannten Aufgaben gegeben.

Pendeluhr mit Gewichtsantrieb

Bei dem Uhrwerk in Abbildung 1.3 treibt das Gewicht 1 mittels eines um die Walze 2 geschlungenen Seils das Räderwerk an, wobei die Kraft über die verschiedenen Radpaare bis auf das Gangrad oder Hemmungsrad 3 übertragen wird.

Der Ablauf des Werkes wird dort durch das Zusammenspiel von Gangrad und Anker 4 gehemmt und durch die Schwingung des mit ihm verbundenen Pendels 5 gesteuert. Das Gangrad kann sich nur dann weiter bewegen, wenn das Pendel den Anker in eine solche Stellung gebracht hat, dass er einen Hemmradzahn freigibt. Zugleich greift aber die andere Ankerpalette in einen Zahnzwischenraum ein und begrenzt dadurch die Bewegung des Gangrades auf eine halbe Zahnteilung.

Während nun das Pendel zurückschwingt, drückt der Hemmradzahn auf die schräge Fläche der Ankerpalette und übt so über die Ankergabel 6 eine Kraft in der Bewegungsrichtung des Pendels auf dieses aus und führt ihm einen kleinen Energiebetrag zu. Sobald auch diese Ankerpalette ihren Hemmzahn freigegeben hat, kann sich das Spiel wiederholen. Die Schwingungsweite des Pendels wird sich auf einen Gleichgewichtszustand einstellen, bei dem die Reibungsverluste gerade durch die Energiezufuhr ausgeglichen werden.

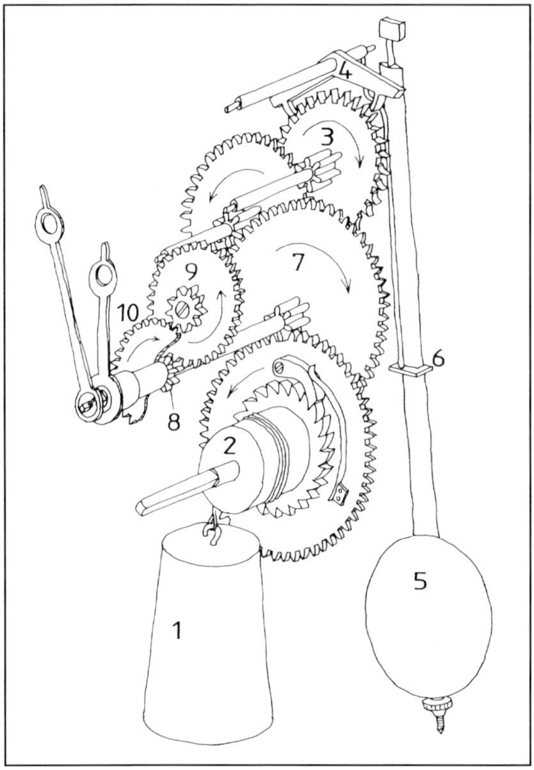

1.3 Prinzipdarstellung einer Pendeluhr mit Gewichtsantrieb

Ist auf diese Weise dafür gesorgt, dass sich das Gangrad im Takt der Pendelschwingung bewegt, müssen die Zähnezahlen des Räderwerkes unter Berücksichtigung der Pendellänge noch so berechnet werden, dass das Minutenrad 7 sich einmal in der Stunde dreht, also mit der Geschwindigkeit des Minutenzeigers. Die Übersetzung im Verhältnis 12:1 für den Stundenzeiger besorgt das Zeigerwerk.

Zu ihm gehört das kleine Zahnrad 8, das auf ein Rohr, also eine Hohlwelle montiert ist und mit ihr zusammen das verzahnte Viertelrohr bildet. Weitere Bestandteile sind das Wechselrad 9 und das Stundenrad 10. Letzteres sitzt wiederum auf einem Rohr, damit beide Zeiger einen gemeinsamen Drehpunkt haben können.

Mit den Zähnezahlen z_{st} für das Stundenrad, z_w für das Wechselrad, z'_w für das Wechselradtrieb und z'_v für das Viertelrohr ergibt sich die Übersetzung i:

$$i = \frac{z_{st} \cdot z_w}{z'_w \cdot z'_v} \qquad \text{Gl. 1}$$

Um das Stellen der Zeiger zu ermöglichen, muss das gesamte Zeigerwerk gegenüber dem eigentlichen Uhrwerk verdreht werden können, denn dieses kann sich ja nur mit der vom Pendel aufgezwungenen Geschwindigkeit bewegen. Zwischen dem Minutenrad und seiner Welle ist deshalb eine Reibkupplung vorgesehen, die zum Beispiel darin besteht, dass das Minutenrad lose auf der Welle sitzt und durch eine Feder gegen einen Wellenabsatz gedrückt wird. Oder das Viertelrohr sitzt reibend auf der Minutenwelle, wie in der Zeichnung dargestellt. Die Reibung muss so groß sein, dass das Zeigerwerk im normalen Gang einwandfrei mitgenommen wird, und so gering, dass sich die Zeiger leicht stellen lassen.

Die in Abbildung 1.3 „freischwebend" gezeichneten Wellen sind in Wirklichkeit mit ihren Lagerzapfen in einem Werkgestell gelagert. Dieses ist hier weggelassen worden, um die wesentlichen Teile deutlicher hervortreten zu lassen. In gleicher Weise wurde bei vielen anderen Abbildungen in diesem Buch verfahren.

Bauteile von Uhren

Das Talent stellt nur Teile dar,
das Genie das Ganze des Lebens.
(Jean Paul)

Antrieb

Gewichtsantrieb

Am einfachsten lässt sich eine Uhr durch ein langsam fallendes Gewicht mit der notwendigen Energie versorgen. Das ist nicht nur konstruktiv einfach, ein solcher Antrieb bietet auch einen ganz entscheidenden Vorteil für die Genauigkeit der Zeitmessung. Die Antriebskraft bleibt nämlich während des Ablaufens des Gewichtes unverändert. Dieser Vorteil ist so erheblich, dass Präzisionspendeluhren immer gewichtgetrieben sind. Nachteilig ist allerdings, dass die Uhr nur für einen ortsfesten Einsatz zu gebrauchen ist, und dass die Gewichte einen hinreichenden Fallweg benötigen. Für kleine und für transportable Uhren kommt der Gewichtsantrieb deshalb nicht in Frage.

Die Gewichte können an Ketten oder an Seilen aufgehängt sein. Die Ketten, die es zum Beispiel bei Schwarzwalduhren gibt, werden über Kettenräder (Abb. 2.1) geführt. Zum Aufziehen zieht man einfach am entgegengesetzten Ende der Kette und dreht dadurch das Kettenrad im zur Ablaufrichtung entgegengesetzten Drehsinn. Doch dadurch entsteht bereits ein konstruktives Problem, denn das Uhrwerk kann sich ja nur vorwärts und übrigens auch nur mit der von der Hemmung aufgezwungenen Geschwindigkeit bewegen. Deshalb muss das Kettenrad in der Aufzugrichtung frei drehbar sein, während es in der Ablaufrichtung das Uhrwerk mitnehmen muss.

Das Konstruktionsteil, das diese Aufgabe übernimmt, heißt Gesperr und besteht aus dem mit dem Kettenrad verbundenen Sperrrad mit sägezahnförmigen Zähnen und einer auf dem Antriebsrad sitzenden federbelasteten Klinke, die Sperrkegel heißt, obgleich ihre Form nicht an einen Kegel erinnert (Abb. 2.2).

Unabhängig von der Art des Antriebes muss jede Uhr für den Aufzug ein solches Gesperr haben. Die Sperrzähne sind um den Winkel α leicht unterschnitten, damit die auf den Sperrkegel

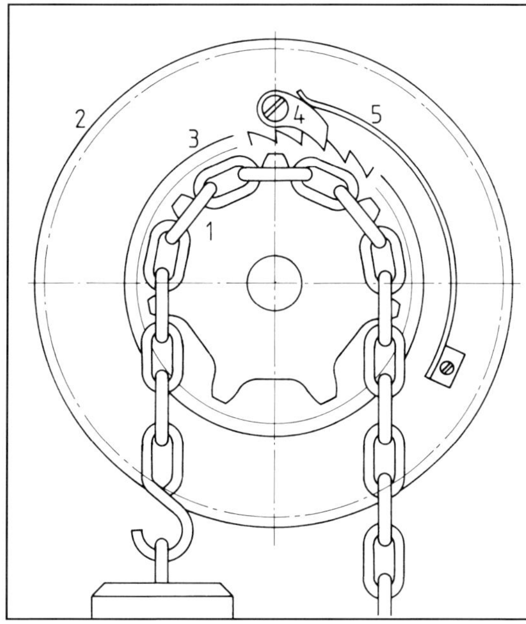

2.1 Kettenantrieb: 1 Kettenrad, 2 Antriebsrad, Sperrrad, 4 Sperrkegel, 5 Sperrfeder

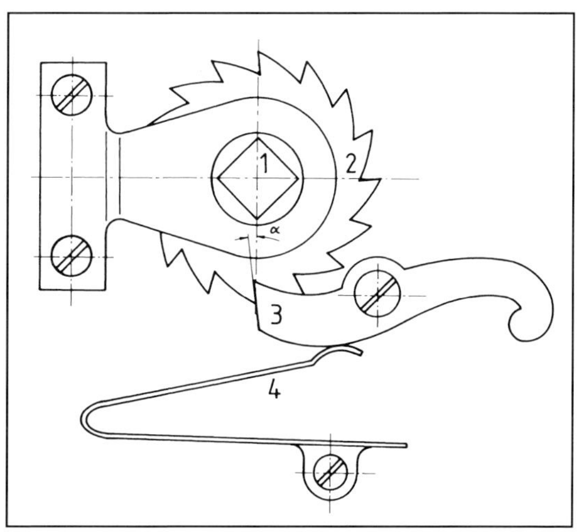

2.2 Gesperr einer federgetriebenen Großuhr: 1 Aufzugvierkant, 2 Sperrrad, 3 Sperrkegel, 4 Feder für Sperrkegel

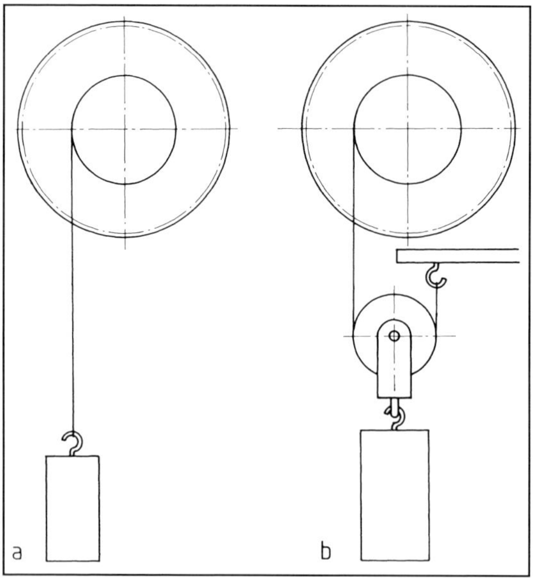

2.3 Saitenantrieb
a) direkt, b) mit loser Umlenkrolle

wirkende Zahnkraft eine radiale – nach innen gerichtete – Komponente hat, die den Kegel in den Zahnzwischenraum hineinzieht und ihn sicher hält.

Wird für eine gewichtgetriebene Uhr ein Seil oder – was besonders häufig ist – eine Darmsaite verwendet, so kann das Gewicht direkt oder über eine lose Umlenkrolle auf die Walze wirken (Abb. 2.3). Im letzteren Fall ist die erforderliche Masse des Gewichts zu verdoppeln, weil sich die Gewichtskraft ja nun auf zwei Seile verteilt, aber dafür wird auch die Gangdauer der Uhr bei gleicher Fallhöhe doppelt so groß. Zum Aufziehen wird die Walze mittels eines Schlüssels über einen Vierkant gedreht, wobei sich das Seil aufwickelt. Die Kraftübertragung von der Walze zum Antriebsrad geschieht über ein Gesperr. Die Dicke des Seils ist so bemessen, dass bei vollem Aufzug alle Windungen in einer Lage auf der Walze Platz finden und diese keinesfalls mehrlagig bedeckt wird. Dies ist beim Ersatz eines unbrauchbar gewordenen Seils oder einer Darmsaite zu beachten.

Während des Aufziehens wird die Gewichtskraft notwendigerweise aufgehoben. In vielen Fällen ist das nicht störend, denn das Pendel hat genügend Bewegungsenergie, um die ja nur kurze antriebslose Zeit zu überbrücken, in der die Uhr selbst aber nicht weitergeht. Wenn auf einen ununterbrochen gleichmäßigen Antrieb Wert gelegt wird, kann dem Werk mittels eines Gegengesperrs mit Hilfsantrieb vorübergehend Kraft zugeführt werden (Abb. 2.4). Die beiden Hilfsfedern müssen beim normalen Gang der Uhr das vom Gewicht herrührende Drehmoment übertragen und werden dadurch gespannt. Fällt nun der Gewichtsantrieb aus, wird die in den Federn gespeicherte Energie abgegeben und lässt das Uhrwerk weiterlaufen, während sich das Gegensperrrad, das normalerweise mit dem Antriebsrad umläuft, auf den Gegensperrkegel abstützt.

Eine konstante Energiezufuhr ist auch mittels eines „unendlichen" Seils zu erreichen. In Abbildung 2.5 ist die obere Seilrolle mit dem Antriebs-

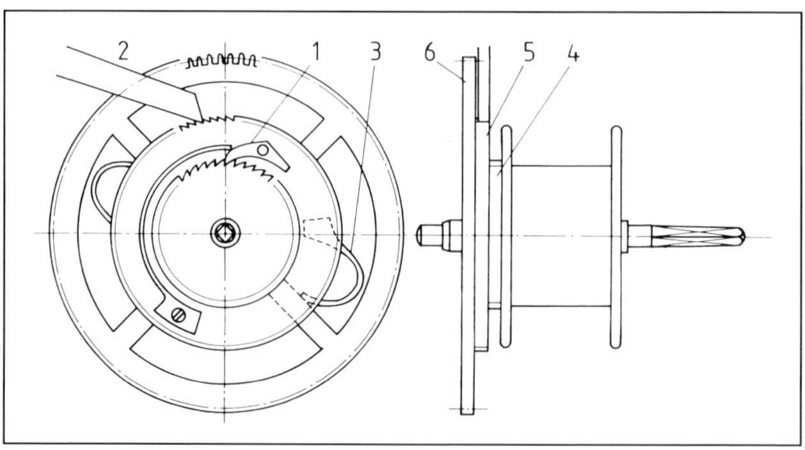

2.4 Gegengesperr mit Hilfsantrieb:
1 Gesperr, 2 Gegengesperr, 3 Feder für den Hilfsantrieb, 4 Sperrrad, 5 Gegensperrrad, 6 Antriebsrad

rad verbunden. Die darunter liegende Rolle dient dem Aufzug, der z. B. von einem in regelmäßigen Abständen über Endschalter ein- und ausgeschalteten Elektromotor besorgt werden kann, aber genauso gut auch von Hand. So lange nicht aufgezogen wird, verhindert ein Gesperr das Mitdrehen der Welle. Aus der Skizze ist ersichtlich, dass die auf die Uhr wirkenden Kräfte unabhängig davon sind, ob der Aufzug nun gerade betätigt wird oder nicht. Auf beide Seilrollen wirkt je die Hälfte der Differenz der Gewichtskräfte von Antriebs- und Gegengewicht. Während aber beim Aufzug in der bei 2 angegebenen Richtung das Drehmoment der Gewichtskräfte durch das Aufzugsmoment aufgehoben und überwunden wird, bleibt es an der Antriebswelle 1 bestehen.

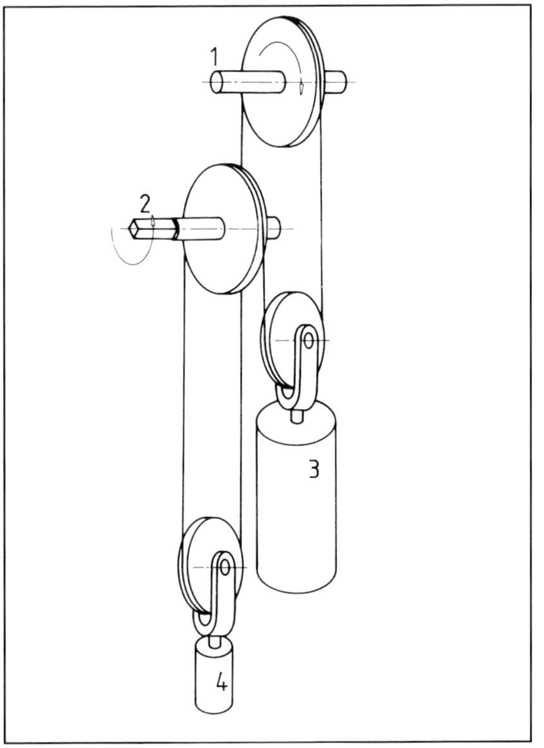

2.5 Antrieb mit unendlichem Seil
1 Antriebswelle des Uhrwerks, 2 Aufzugwelle, 3 Antriebsgewicht, 4 Gegengewicht

Federantrieb

In den weitaus meisten mechanischen Uhren dient eine gespannte Feder als Energiespeicher. Von ganz seltenen Ausnahmen abgesehen handelt es sich dabei um recht lange, spiralig aufgewundene Blattfedern. Nur bei sehr schlichten Uhrwerken, z. B. bei billigen Weckern, liegt die Zugfeder frei. Ihr äußeres Ende ist in diesem Fall mittels einer Schlaufe in einen Werkpfeiler eingehängt, während das innere mit dem Federkern verhakt ist. Durch dessen Drehung wird die Feder vom Innenende her gespannt, und von dort aus gibt sie ihre Kraft auch an das Federkernrad wieder ab, das zu diesem Zweck über ein Gesperr mit der Federkernwelle verbunden ist. Meistens ist die Feder aber in ein zylindrisches Federhaus eingebaut, in welches das Außenende der Feder eingehakt ist. Beim festen Federhaus (Abb. 2.6a), das mit seinem Flansch an eine der Werkplatinen geschraubt ist, sind die Vorgänge des Spannens und der Kraftabgabe genauso wie eben besprochen, mit dem Nachteil, dass der Antrieb während des Aufziehvorganges wegfällt. Viel häufiger trifft man auf das umlaufende verzahnte Federhaus (Abb. 2.6b). Hier wird die Feder ebenfalls durch Drehen des Federkerns gespannt, der durch ein Gesperr am Rückdrehen gehindert wird. Während der Gangdauer der Uhr steht der Federkern dann still, und die Feder gibt ihre Kraft vom Außenende her an das umlaufende Federhaus ab, das

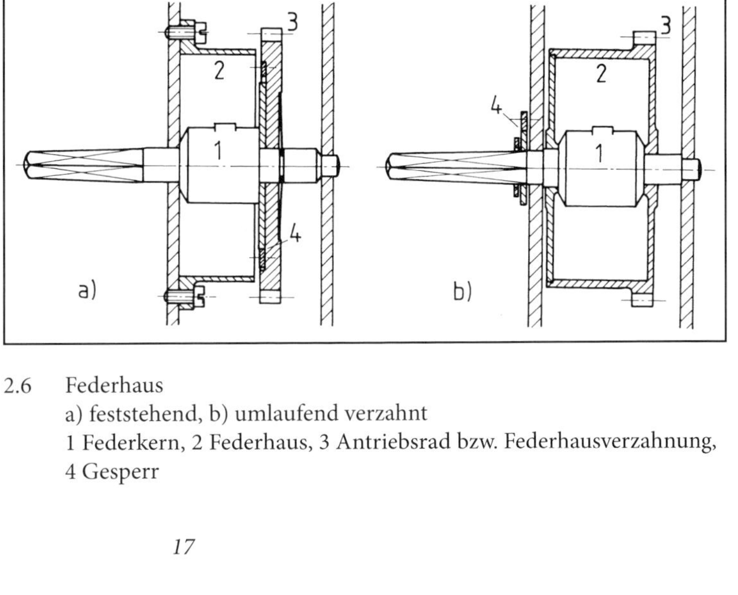

2.6 Federhaus
a) feststehend, b) umlaufend verzahnt
1 Federkern, 2 Federhaus, 3 Antriebsrad bzw. Federhausverzahnung, 4 Gesperr

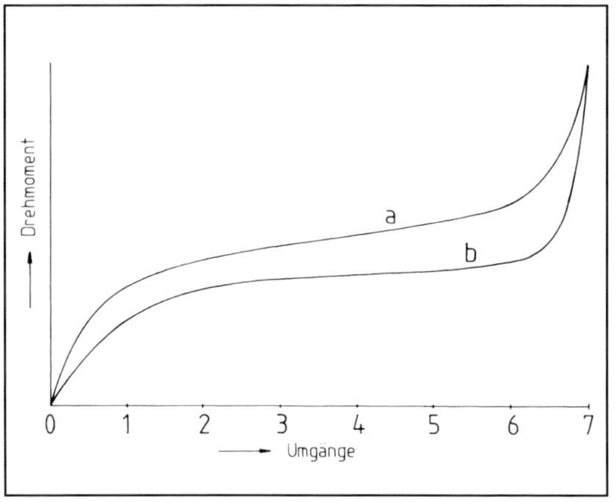

2.7 Zugfederkennlinie
a) Aufzug, b) Ablauf

seinerseits über seine Verzahnung das Räderwerk antreibt. Bei dieser Anordnung erfährt das Uhrwerk auch während des Aufziehens einen Antrieb.

Ausgleich der ungleichmäßigen Federkraft

Eine metallische Feder hat im elastischen Bereich, auf den es hier allein ankommt, eine fast lineare Kennlinie. Das heißt, dass die Federkraft proportional zu der Verformung anwächst. Dies Anwachsen ist um so stärker, die Kennlinie also um so steiler, je dicker und je kürzer die Feder ist, und im Übrigen vom Material der Feder abhängig.

Durch das Aufwinden zu einer Spirale und vor allem den Einschluss in das Federhaus werden die Dinge etwas komplizierter. Da die ganz abgelaufene Feder sich fast in ihrer ganzen Länge an die Wand des Federhauses anlegt, ist nur ein kurzes Teilstück wirksam und die Kennlinie steil. Ist die Feder dann um einen oder zwei Umgänge aufgezogen, heben sich mehrere Windungen ab, die wirksame Federlänge wird größer, und die Kennlinie steigt nur noch flach an.

Ist nun die Feder fast ganz gespannt, so schmiegen sich die Windungen diesmal an den Federkern an, und die wirksame Länge wird wiederum klein und die Kennlinie steil. Insgesamt ergibt sich eine S-förmige Kennlinie mit verhältnismäßig flachem Mittelteil, welche auch von der Qualität des Federmaterials mit bestimmt wird (Abb. 2.7). Wegen der Reibung der Federwindungen aneinander entstehen zwei verschiedene Kurven für das Aufziehen und Ablaufen der Feder (genannt Hysterese).

Auf den Ausgleich der nicht konstanten Antriebskraft ist viel Scharfsinn verwendet worden, wobei die Notwendigkeit dazu im Lauf der Entwicklung im gleichen Maß kleiner geworden ist, wie die Hemmungen und das Federmaterial verbessert wurden.

Eine altertümliche, Stackfreed genannte und schon lange nicht mehr verwendete Konstruktion besteht aus einer spiraligen Kurvenscheibe, die, über ein Zahnradpaar angetrieben, beim Ablauf der Feder nicht ganz eine Umdrehung ausführt, und auf deren Umfang eine kräftige gebogene Bremsfeder drückt (Abb. 2.8). Während die Zugfeder abläuft, wird der Radius, auf den die Federbremse wirkt, immer kleiner und um so geringer auch die Bremswirkung, sodass eine Kompensation der abnehmenden Federkraft erreicht wird, die durch die Form der Kurvenscheibe optimiert werden kann.

Weit eleganter und auch genauer als die Federbremse gleicht der Antrieb mittels Kette und Schnecke den ungleichen Federzug aus. Hier ist um den Umfang des Federhauses ein feines Kettchen, ähnlich einer Miniaturfahrradkette, geschlungen, dessen anderes Ende auf einer schneckenförmigen spiraligen Walze abläuft (Abb. 2.9). Es wurde statt der Kette auch eine Darmsaite oder ein Metallband verwendet. Das auf der Welle der Schnecke sitzende Antriebsrad erfährt ein recht genau konstantes Drehmoment, denn bei abnehmender Spannung der Zugfeder wird der wirksame Radius der Schnecke immer größer. Der Antrieb über Kette und Schnecke wurde früher bei

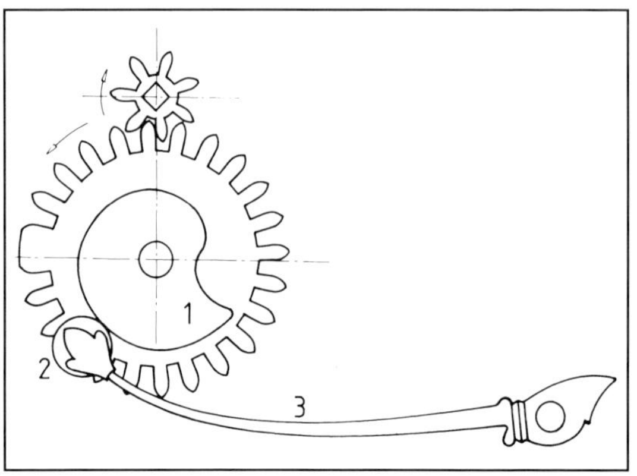

2.8 Stackfreed (Federbremse):
1 Kurvenscheibe, 2 Rolle, 3 Bremsfeder

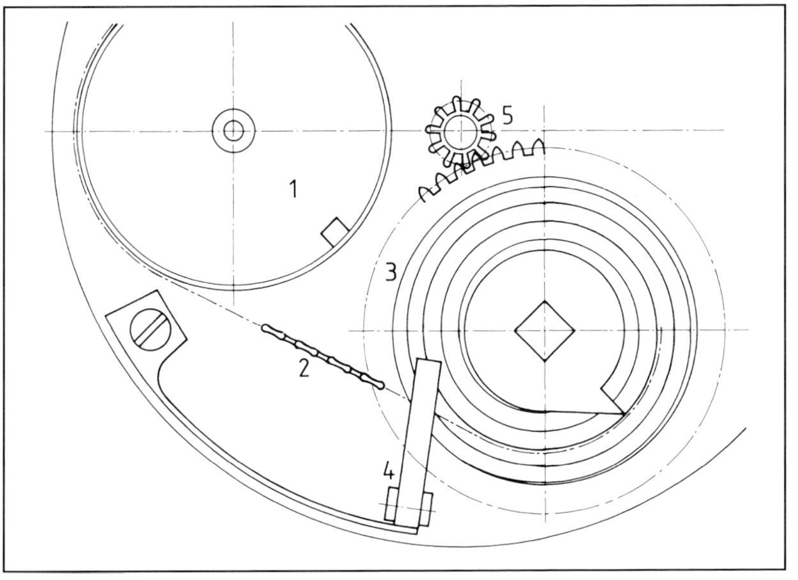

2.9 Antrieb mit Kette und Schnecke
1 Federhaus, 2 Kette, 3 Schnecke mit Antriebsrad und Aufzugvierkant,
4 Aufzugbegrenzung, 5 Minutentrieb

Taschenuhren häufig angewandt, es gibt ihn aber auch bis heute nicht nur bei federgetriebenen Großuhren und bei Marinechronometern, sondern auch bei Armbanduhren (z. B. bei Lange & Söhne).

Aufzugbegrenzung

Für den Antrieb mit Kette und Schnecke ist ein weiteres Konstruktionselement lebenswichtig. Damit das feine Kettchen durch zu starkes Aufziehen nicht zerrissen wird, ist ein Anschlag vorhanden, der den Aufzugweg begrenzt. Zugleich wird das letzte steile Stück der Federkennlinie weggeschnitten und diese auf ihren flachen mittleren Teil begrenzt. Den gleichen Zwecken dienen die sogenannten Stellungen, die früher häufig in Uhren ohne Kette und Schnecke verwendet wurden und heute unmodern geworden sind. Es gibt die Stellungen in verschiedenen Ausführungen (Abb. 2.10), immer ist der Zweck, die Drehung des Federhauses sowohl beim Aufziehen als auch beim Ablaufen zu begrenzen. Dadurch wird die Feder vor Überbeanspruchung durch zu starken Aufzug geschützt. Nachteilig ist allerdings, dass beim Auslaufen der Feder gegen den Anschlag die Antriebskraft schlagartig wegfällt, wobei sich die Ankerpalette hart auf den Hemmradzahn aufsetzen kann.

Die Begrenzung auf den mittleren Teil der Federkennlinie sorgt auch ohne Kette und Schnecke für eine immerhin angenähert konstante Fe-

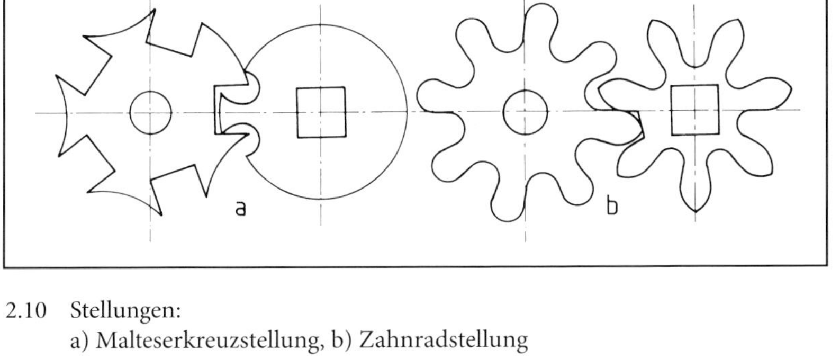

2.10 Stellungen:
a) Malteserkreuzstellung, b) Zahnradstellung

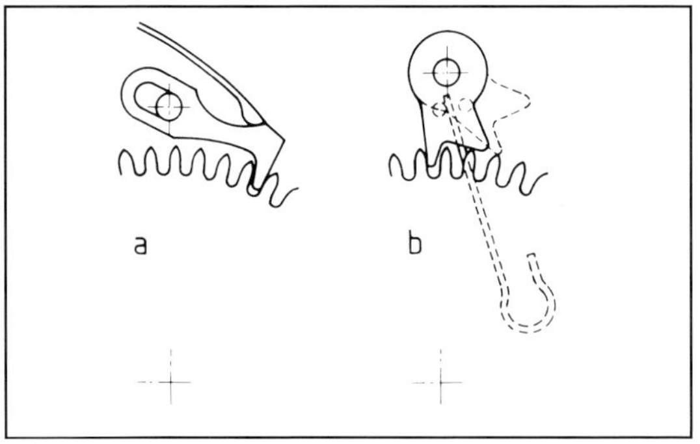

2.11 Sperrkegel, die einen kurzen Rücklauf des Sperrrades ermöglichen:
a) mit Langloch,
b) mit mehreren Zähnen

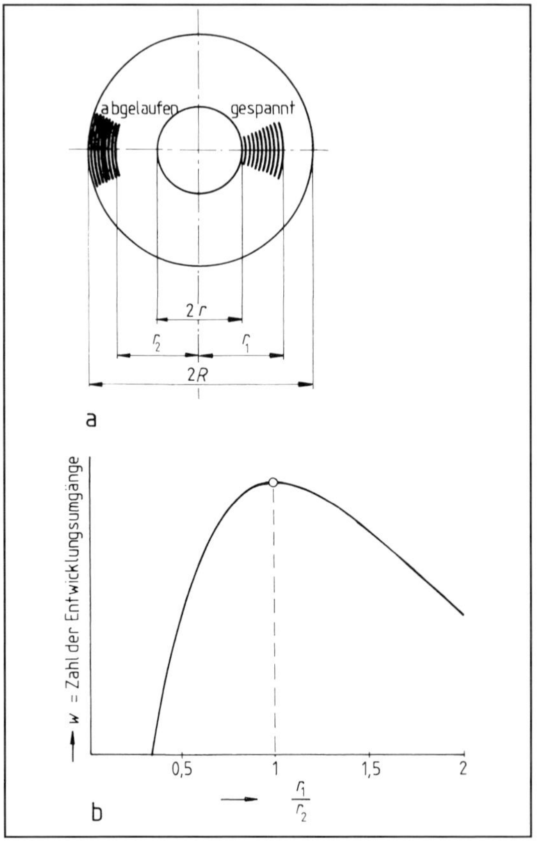

2.12 Federabmessungen:
a) Maßskizze,
b) Optimierung des Radienverhältnisses

derkraft, jedenfalls dann, wenn die Kennlinie flach ist. Ein solcher Verlauf wird besonders wirkungsvoll erreicht, wenn die Feder im entspannten Zustand S-förmig – im äußeren Teil gegengekrümmt – ist, sodass sie dort im eingebauten Zustand besonders stark vorgespannt ist.

Bei modernen Taschen- und Armbanduhren wird auf die Stellung verzichtet. Zum Schutz vor der starken Federkraft nach vollem Aufzug sind die Sperrkegel dieser Uhren so gestaltet, dass sie eine, wenn auch kleine, rückläufige Bewegung des Sperrrades zulassen und somit die Feder sofort wieder etwas entlasten.

Das wird dadurch erreicht, dass der Sperrkegel in einem Langloch gelagert ist oder zwei oder mehrere Zähne hat (Abb. 2.11). Hier dient das Sperrrad zugleich als Getrieberad für den Aufzug, seine Zähne haben deshalb nicht die sonst für Sperrräder typische Sägezahnform.

Abmessungen von Feder und Federhaus

In der Maßskizze der Abbildung 2.12a bedeutet R den Innenradius des Federhauses und r den Federkernradius, der gewöhnlich ein Drittel von R beträgt. Bei einem kleineren Wert wird nämlich die Feder zu stark gebogen und damit überbeansprucht, und bei einem größeren wird der Federhausraum zu stark eingeengt.

Weiter ist r_1 der Außenradius der gespannten und r_2 der Innenradius der abgelaufenen Feder. Dem Uhrmacher ist klar, dass diese beiden Maße gleich sein sollten, und Abbildung 2.12b erläutert, warum das so ist.

Aus den genannten Abmessungen und der Klingenstärke der Feder kann man nämlich in Abhängigkeit vom Radienverhältnis r_1/r_2 berechnen, wie viele Entwicklungsumgänge der Feder sich erreichen lassen, also um wie viele Umdrehungen sich das Federhaus zwischen dem gespannten und dem abgelaufenen Zustand drehen wird.

Es zeigt sich, dass gerade beim Verhältnis 1, also wenn die beiden genannten Radien gleich sind, ein Maximum vorhanden ist, und somit die beste Ausnutzung der Feder erreicht wird. Als Anhaltswert für die Klingenstärke gilt etwa 1/40 bis 1/50 vom Federhausradius R und damit ergeben sich etwa 10 bis 13 Windungen im abgelaufenen Zustand, 6 bis 8 Entwicklungsumgänge und eine Federlänge von etwa dem 30-fachen des Federhausdurchmessers.

Federmaterial

Die Zugfeder ist das am stärksten beanspruchte Teil eines Uhrwerks, und entsprechend hoch sind die Anforderungen an den Werkstoff. Früher kamen dafür kaltgewalzte, gehärtete und angelassene Bänder aus phosphor- und schwefelarmen Kohlenstoffstählen bzw. aus legierten Stählen mit den Bestandteilen Silizium, Chrom und Vanadium in Frage.

Die modernen „unzerbrechlichen" Uhrfedern bestehen aus einer NIVAFLEX genannten Legierung, die im Vakuum erschmolzen wird und die Metalle (z. B. für NIVAFLEX 45/5) Kobalt 45 %, Nickel 21 %, Chrom 18 %, Eisen 5 %, Wolfram 4 %, Molybdän 4 %, Titan 1 %, und Beryllium 0,2 % enthält. Das Zulegieren von Beryllium ermöglicht sehr hohe Festigkeits- und Härtewerte.

Aus diesem Material gefertigte Zugfedern erreichen nicht nur eine vielfach höhere Lebensdauer, sie sind auch rostfrei (korrosionsbeständig), sogar gegen Säure beständig und selbstschmierend, während Stahlfedern geschmiert werden müssen. Außerdem haben diese Federn ein unmagnetisches Verhalten – eine wichtige Eigenschaft für den Einsatz in Uhren.

Zahnräder

Räder und Triebe

Das Antriebsrad, also das mit Kettenrad, Seilrolle oder Federhaus verbundene Rad, darf sich nur langsam drehen, denn sonst wäre die Uhr allzu schnell abgelaufen. Das Hemmungsrad andererseits dreht sich im Vergleich dazu viel schneller.

Für die Kraftübertragung vom Antrieb bis zur Hemmung einer mechanischen Uhr kommen ausschließlich Zahnräder in Frage, keine Riemen oder Reibräder, weil eine schlupflose, zwangsläufige und zudem reibungsarme Übersetzung notwendig ist. Wegen der großen Geschwindigkeitsunterschiede zwischen dem Antriebs- und dem Hemmungsrad sind sogar mehrere Zahnradpaare notwendig. Ein jedes von ihnen besteht aus einem großen treibenden und einem kleinen getriebenen Zahnrad. Dieses Letztere wird in der Uhrmacherei Trieb genannt. Und zwar nicht „der", sondern „das" Trieb! Das Rad der ersten Übersetzungsstufe ist über ein Gesperr mit der Antriebswelle verbunden bzw. wird vom verzahnten Federhaus gebildet, und das Trieb der letzten Stufe sitzt auf der Welle des Hemmungsrades.

Die stählernen Triebe bestehen meist aus nur einem Stück mit der Welle (Abb. 2.13). Die Räder sind aus Messing ausgeschnitten und haben gewöhnlich schlanke Speichen bzw. Schenkel. Diese elegante Form wird nicht nur wegen der Schönheit gewählt, es gibt dafür auch einen technischen Grund: Je leichter nämlich die Räder sind, um so kleiner also ihre Masse ist, desto geringere Kräfte reichen aus, um das Räderwerk immer wieder zu beschleunigen und zu verzögern, wie es die Hemmung erzwingt. Für tragbare Uhren kommt noch hinzu, dass die Stoßempfindlichkeit geringer wird. Bei einem Stoß werden ja alle Teile der Uhr sehr plötzlich beschleunigt, und die dabei auftre-

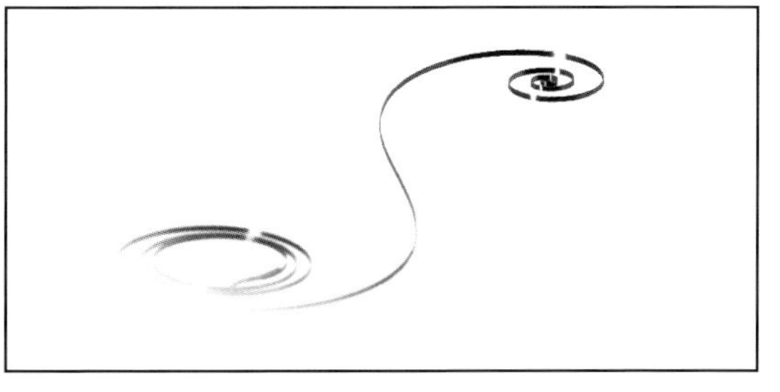

2.12.1 S-förmige Zugfeder

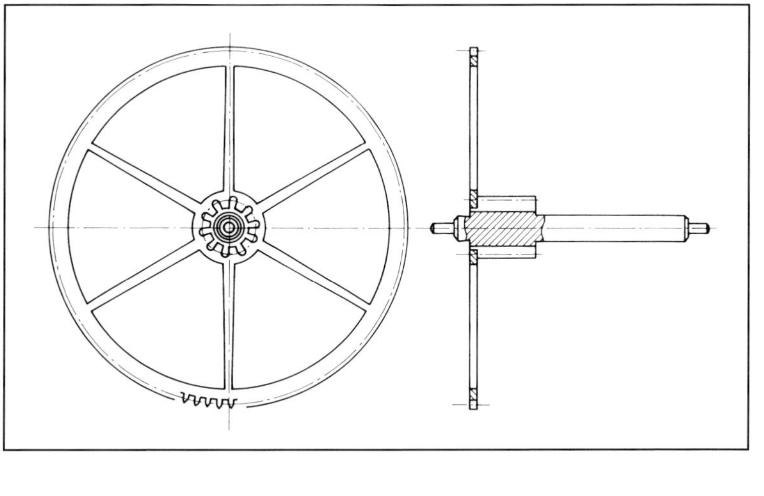

2.13 Welle mit Rad und Trieb

tenden, der Masse proportionalen Kräfte müssen von den empfindlichen dünnen Wellenzapfen aufgenommen werden. Auf die Wellen sind die Räder aufgepresst und vernietet, wobei die Stümpfe der nicht ganz abgedrehten Triebzähne als Verdrehsicherung dienen. Außer massiven Volltrieben, das sind solche mit regelrechten Zähnen, werden für einfache Uhren auch Hohl- oder Laternentriebe verwendet, bei denen die Zähne durch Stahlstifte mit kreisrundem Querschnitt ersetzt sind.

Verzahnungsgesetz

Die Form der Zahnflanken einer jeden Verzahnung soll so beschaffen sein, dass eine gleichförmige Bewegungsübertragung erreicht wird, dass mit anderen Worten die beiden Räder sich gerade so bewegen, als würden sie sich nur mit den beiden sogenannten Teil- oder Wälzkreisen berühren und im Berührungspunkt die gleiche Umfangsgeschwindigkeit haben (Abb. 2.14). Diese Bewegung kann auch so gedeutet werden, dass Rad 1 feststeht und Rad 2 unter Berührung der Wälzkreise ohne zu gleiten auf ihm abrollt. Jeder Punkt von Rad 2 führt dabei eine Drehung um den Wälzpunkt C aus, auch der augenblickliche Eingriffspunkt E, in dem sich die Zahnflanken berühren. Aus der Bedingung, dass sich die Flanke 2 weder von der Flanke 1 trennen darf, noch in sie eindringen kann, folgt das Verzahnungsgesetz:

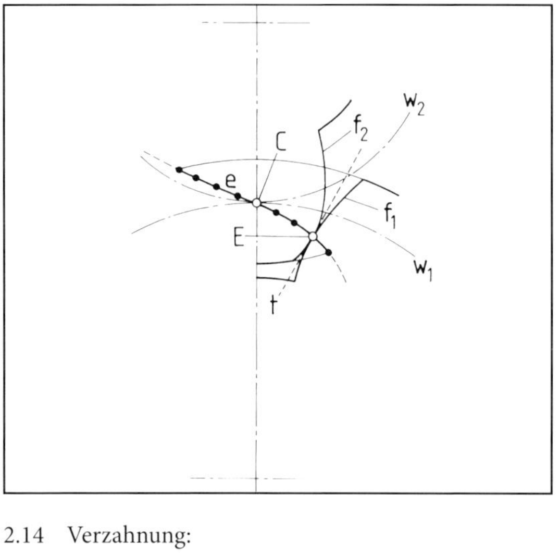

2.14 Verzahnung:
e Eingriffslinie, f Flanken, t gemeinsame Tangente, w Wälzkreise

Die gemeinsame Tangente der Zahnflanken in E bildet einen rechten Winkel mit der Verbindungsgeraden CE.

Nach diesem Gesetz kann zu einer gegebenen Zahnflanke die zugehörige Gegenflanke konstruiert werden. Mit anderen Worten, eine von beiden Zahnflanken hat eine frei wählbare Form, die andere muss daran angepasst werden. In der Praxis haben sich allerdings ganz besondere Flankenformen als zweckmäßig herausgestellt, worauf noch an späterer Stelle zurückzukommen ist.

Der geometrische Ort aller Eingriffspunkte heißt Eingriffslinie, ihr für den Eingriff ausgenutzter Teil, der durch die Kopfkreise der beiden Räder begrenzt wird, ist die Eingriffsstrecke. Als Eingriffslänge wird der auf dem Wälzkreis vom Beginn bis zum Ende des Eingriffs zurückgelegte Weg bezeichnet. Sein Verhältnis zur Zahnteilung, das ist der gleichfalls auf dem Wälzkreis (Teilkreis) gemessene Abstand von einer Zahnflanke bis zu der gleich gelegenen des nächsten Zahnes, heißt Überdeckung. Sie muss mindestens gleich eins sein, weil sonst auf einem Stück des Weges das getriebene Rad ohne Führung wäre. Ist die Überdeckung größer als eins, was anzustreben ist, so sind zeitweise zwei benachbarte Zähne im Eingriff mit dem Gegenrad.

Evolventenverzahnung

Im Maschinenbau, wo es darauf ankommt, große Leistungen bei hohem Wirkungsgrad zu übertragen, und wo beinahe immer vom Schnellen ins Langsame übersetzt wird, werden fast ausschließlich Verzahnungen verwendet, bei denen die Eingriffslinie eine Gerade ist. Die Zahnflanken sind dann Kreisevolventen, das sind solche Kurven, wie sie von einem Punkt einer Geraden beschrieben werden, die auf einem Kreis, in diesem Zusammenhang Grundkreis genannt, abrollt. Anschaulich kann man sich einen um den Grundkreis gewickelten Faden vorstellen, dessen straff gehaltenes Ende beim Abspulen die Evolvente beschreibt (Abb. 2.15).

Diese Art der Verzahnung hat eine Reihe von Vorzügen. Insbesondere lässt sie sich mit hoher Genauigkeit wirtschaftlich herstellen, und es entstehen sogenannte Satzräder. Damit ist gemeint, dass bei gleichen Grundabmessungen Räder entstehen, die alle zueinander passen. Die wichtigsten dieser Abmessungen sind der Winkel zwischen der

Eingriffsgeraden und der Berührungstangente der Wälzkreise, die Zahnteilung und die Zahnhöhe. Schließlich bleibt der Eingriff auch dann noch korrekt, wenn der Lagerabstand geringfügig verändert wird.

In der Uhrmacherei werden Evolventenzahnräder dort eingesetzt, wo die Übersetzungsverhältnisse nicht zu groß sind, so z. B. bei den Aufzugsrädern von Taschenuhren.

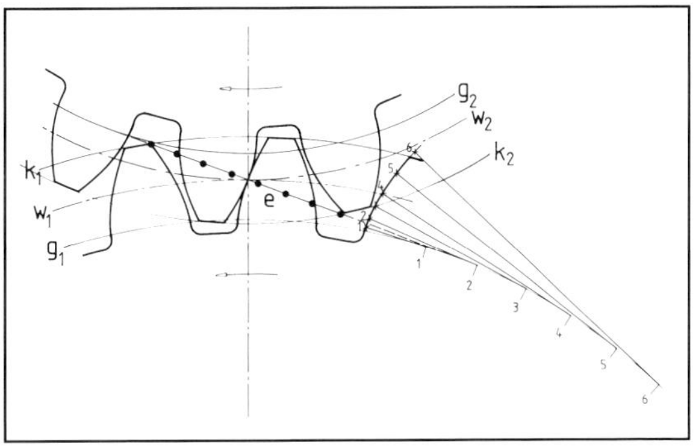

2.15 Evolventenverzahnung:
e Eingriffslinie, g Grundkreise, k Kopfkreise, w Wälzkreise

Zykloidenverzahnung

In den Räderwerken mechanischer Uhren wird stets vom Langsamen ins Schnelle übersetzt, und zwar mit ziemlich großen Übersetzungsverhältnissen in jeder einzelnen Stufe. In diesem Fall erweist sich die Evolventenverzahnung als weniger günstig, und deshalb hat hier eine sonst veraltete Zahnform mit zykloidenförmigen Flanken trotz ihrer Nachteile überlebt.

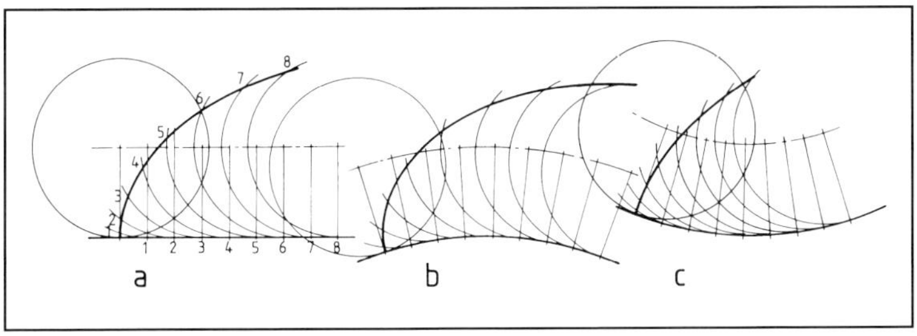

2.16 Zykloiden:
a) gewöhnliche Zykloide, b) Epizykloide, c) Hypozykloide

Die Nachteile sind vor allem, dass die Form des Zahnkopfes beim Rad von der Zähnezahl des Triebs abhängt, und die große Empfindlichkeit gegen Ungenauigkeiten im Lagerabstand.

Eine Zykloide oder Rollkurve wird von einem Punkt eines Kreises beschrieben, der auf einer Leitkurve abrollt, ohne zu gleiten. Ist die Leitkurve eine Gerade, so entsteht eine gewöhnliche Zykloide, ist sie dagegen ein Kreis, so entsteht eine Epizykloide (Aufradkurve), wenn der Rollkreis außerhalb, und eine Hypozykloide (Inradkurve), wenn er innerhalb des Leitkreises rollt (Abb. 2.16).

Die Eingriffslinie wird bei diesen Verzahnungen von einem Stück des Rollkreises 1 und einem Stück des Gegenrollkreises 2 gebildet. Beide berühren sich im Wälzpunkt (Abb. 2.17). Die Zahnflanke setzt sich aus der Kopf- und der Fußflanke zusammen, die entstehen, wenn die Rollkreise außen und innen auf den Wälzkreisen abrollen. Im Fall der Uhrenverzahnung sind die Fußflanken bei Rad und Trieb radiale Geraden, die sich als Hypozykloiden dadurch ergeben, dass die Rollkreisdurchmesser gleich dem jeweiligen Wälzkreisradius gemacht werden. Die

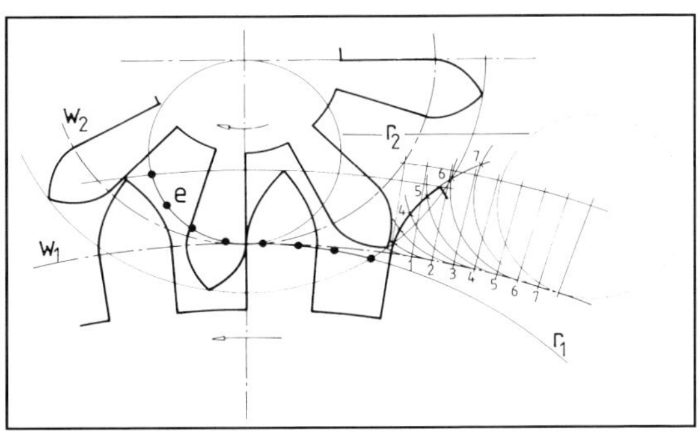

2.17 Zykloidenverzahnung:
e Eingriffslinie, r Rollkreise, w Wälzkreise (Teilkreise)

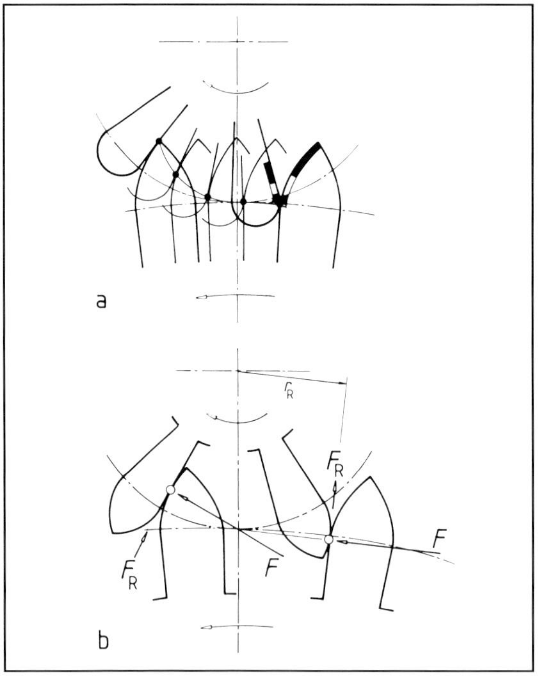

2.18 Eingriffsverhältnisse bei der Zykloidenverzahnung
a) auf die Triebflanke wirkende Kräfte (rechts eingehende, links ausgehende Reibung), F auf den Zahn ausgeübte Kraft, F_R Reibungskraft
b) Eingriff von Rad- und Triebzahn in fünf Bewegungsphasen vom Beginn bis zum Ende des Eingriffs

Kopfflanken entstehen als Epizykloiden mit dem jeweils gleichen Rollkreis wie beim Fuß des zugehörigen Gegenrades.

In der Praxis werden die Triebzahnköpfe oft durch einen Kreisbogen, der sich an die Zykloide anschmiegt, abgeschnitten (Abb. 2.18a). Dadurch wird eine unnötig große Eingriffslänge vermieden, aber immer noch eine genügende Überdeckung beibehalten. Insbesondere wird der Zahneingriff vor der Mittellinie verkürzt und die dabei auftretende „eingehende" Reibung vermieden, die, wie die Uhrmacher sagen, größer ist als die „ausgehende" Reibung beim Eingriff nach der Mittellinie. Abbildung 2.18b erläutert, was es damit auf sich hat. Die senkrecht zu den Triebflanken wirkenden Zahnkräfte sind mit F bezeichnet und mit F_R die wiederum senkrecht dazu, also tangential zur Flanke wirkenden Reibungskräfte. Im linken Bildteil wird deutlich, dass bei ausgehender Reibung, also beim Eingriff des Radkopfes mit dem Triebfuß, die Wirkungslinie der Reibungskraft durch den Triebmittelpunkt geht und demnach keinen Hebelarm hat.

Ganz anders bei der eingehenden Reibung rechts, wo die Reibungskraft mit ihrem Hebelarm r_R ein Drehmoment bildet, das die Bewegung des Triebs bremst. Diese Betrachtung wäre allerdings unvollständig, wenn man außer den auf die Triebflanke wirkenden Kräften nicht auch die berücksichtigen würde, die an der Radflanke angreifen. Nach einem einleuchtenden Satz der Mechanik sind sie den eingetragenen Kräften jeweils gleich, aber entgegengesetzt gerichtet. Demnach wird die Drehung des Rades umgekehrt wie beim Trieb bei der eingehenden Reibung durch kein Reibmoment gebremst, sondern nur bei der ausgehenden.

Nun sind aber die Hebelarme der Kräfte F und F_R bei eingehender Reibung am Trieb von ähnlicher Größe, während bei ausgehender Reibung am Rad die Reibungskraft einen erheblich kleineren Hebelarm hat als die von der Verzahnung zu übertragende Kraft. So ergibt dieser Vergleich, dass die Reibungskräfte selbst zwar ähnlich groß sind, ihre Wirkung bei ein- und ausgehender Reibung aber sehr verschieden. Die Reibungseffekte werden besonders groß, wenn die Triebzahnzahlen klein werden.

Die Uhrenbauer haben deshalb, wenn irgend möglich, Triebe mit weniger als acht Zähnen vermieden.

Aus der Abbildung wird noch eine grundsätzliche Eigenschaft der Zahnradgetriebe deutlich. Da die Zahnkräfte an Rad und Trieb wie erwähnt gleich groß sind, der Wälzkreisradius aber beim Trieb um das Übersetzungsverhältnis kleiner ist, nimmt auch das übertragene Drehmoment von Stufe zu Stufe ab, und es ist gut einzusehen, dass die Reibungsverluste nicht zu groß werden dürfen, damit noch genügend Antriebsenergie am letzten Rad des Werkes ankommt.

Während die beiden Wälzkreise gleitfrei aufeinander abrollen, tun das die Zahnflanken keineswegs. Bei ihnen ist der abwälzenden eine gleitende Bewegung überlagert. Um dies zu veranschaulichen, sind in Abbildung 2.18b ein Rad- und ein Triebzahn vom Beginn bis zum Ende ihres Eingriffs in mehreren Bewegungsphasen gezeichnet, und die unterschiedlich langen Flankenabschnitte, die in gleichen Zeiten aneinander vorbei gleiten, werden deutlich. Zusätzlich sind rechts die für den Eingriff wirksamen Teile der Zahnflanken angegeben und in ihre Abschnitte unterteilt.

Um die durch das Gleiten entstehenden Reibungsverluste und den Verschleiß klein zu halten, dürfen die Zahnflanken keine zu großen Rauigkeiten haben und müssen aus verschiedenen Materialien bestehen (s. a. S. 26).

Die Hohltriebverzahnung

Sie ist nur eine andere Form der Zykloidenverzahnung. Beim Abrollen des Triebwälzkreises auf dem Radwälzkreis beschreibt der Mittelpunkt eines Stiftes des Hohltriebs eine Epizykloide. Die Radzahnflanke entsteht daraus als Einhüllende aller Kreise mit dem Radius des Triebstiftes und mit Mittelpunkten auf dieser Zykloide (Abb. 2.19).

Der gerade besprochene Reibungseffekt ist bei der Hohltriebverzahnung besonders groß, weil hier ein nur kurzes Stück des Triebstiftes über eine lange Radzahnflanke gleitet, andererseits ist bei den Hohltriebstiften eine glatte, gut polierte Oberfläche besonders leicht erreichbar. Dennoch überwiegen die Nachteile, sodass diese in der Herstellung einfache Form der Verzahnung nur für preiswerte Uhren Verwendung findet.

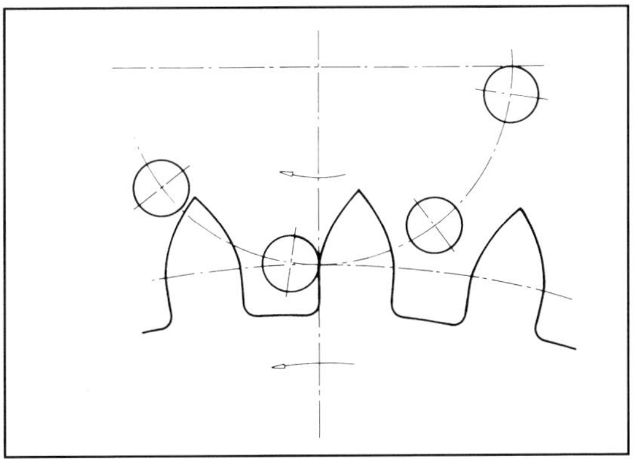

2.19 Hohltrieb- oder Triebstockverzahnung

Lager

Gleitlager

In einem Uhrwerk gibt es zwei Arten der Lagerung. Entweder steht das Lager selbst still und die Welle ist drehbar, oder das gelagerte Teil dreht sich um eine feststehende Achse. Von der ersten Art sind die Zapfenlager des Räderwerks, und für die zweite sind das Wechselrad des Zeigerwerks oder ein Sperrkegel Beispiele (Abb. 2.20). In beiden Fällen handelt es sich fast immer um radiale Gleitlager (die andere Form sind die axialen Gleitlager), bei denen ein zylindrischer Zapfen in einer Bohrung mit geringfügig größerem Durchmesser läuft. Die Aufgabe dieses Maschinenelements besteht darin, radiale Kräfte aufzunehmen und die Drehung des gelagerten Teils nur mit einem möglichst geringen Reibungsmoment zu behindern.

Reibung

Um anschaulich zu machen, was Reibung ist, zeigt Abbildung 2.21 einen Körper auf einer Unterlage. Die auf den Körper wirkende Kraft F ist in eine zur Berührungsfläche senkrechte und in eine flächenparallele oder tangentiale Komponente zerlegt.

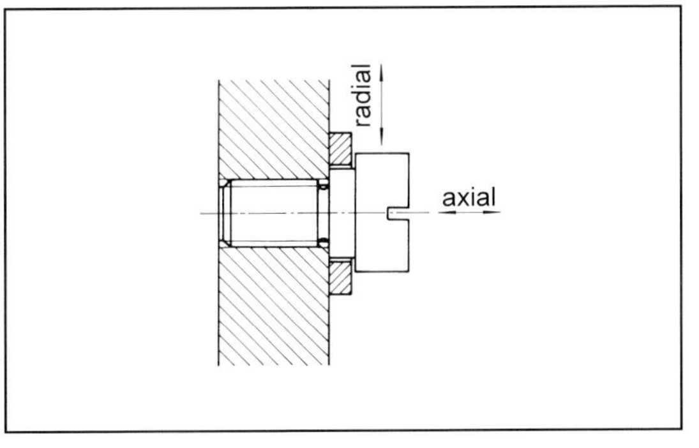

2.20 Lagerung eines Sperrkegels

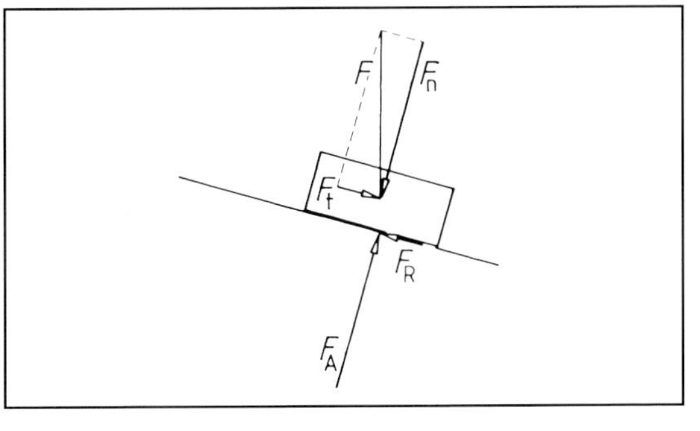

2.21 Reibung
F Kraft, F_n Normalkraft, F_t Tangentialkraft, F_R Reibungskraft, F_A Auflagekraft

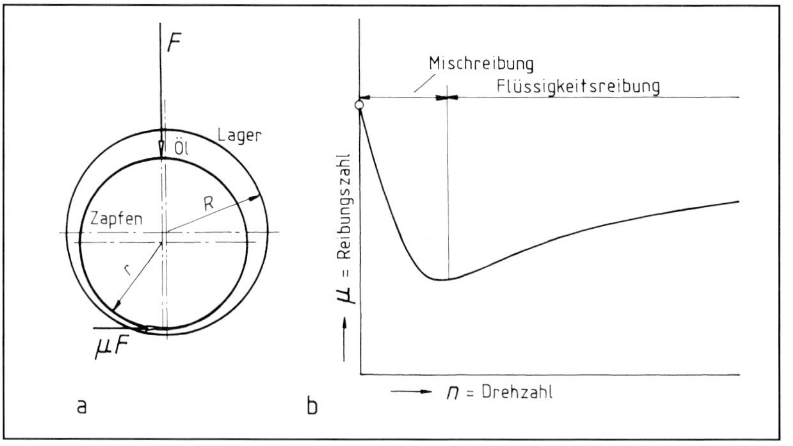

2.22 Gleitlager
a) Querschnitt, b) Reibungszahl in Abhängigkeit von der Drehzahl

Der Normalkraft wird durch die Auflagekraft das Gleichgewicht gehalten. In ähnlicher Weise ruft die Tangentialkraft eine ihr entgegengesetzt gerichtete Reibungskraft hervor, deren Größe aber begrenzt ist, sodass sich der Körper unter Umständen zur Seite hin bewegen wird. Es zeigt sich, dass die Reibungskraft zur Normalkraft proportional ist und bemerkenswerterweise nicht von der Größe der Berührungsfläche abhängt. Immer ist die Reibungskraft einer etwaigen Bewegung entgegen gerichtet.
In Abbildung 2.22a ist nun ein ölgeschmiertes Gleitlager im Querschnitt dargestellt, wobei der Durchmesserunterschied von Zapfen und Bohrung übertrieben ist. Hier bedeutet F die vom Lager aufzunehmende Kraft und $F_R = \mu F$ die dazu senkrechte Reibungskraft. Mit dem Zapfenradius r ist das Reibungsmoment

$$M_R = F_R\, r = \mu\, F\, r \qquad \text{Gl. 2}$$

Die Reibungszahl μ hängt von der Gleitgeschwindigkeit bzw. von der Drehzahl ab (Abb. 2.22b). Im Gebiet der Flüssigkeitsreibung bei hohen Drehzahlen bildet sich ein tragfähiger Ölfilm aus, auf dem der Lagerzapfen schwimmt. Es gibt keine metallische Berührung mit der Lagerschale und deshalb auch keinen Verschleiß. Im Gebiet der Mischreibung treten neben der Flüssigkeitsreibung Festkörperkontakte auf, die schließlich im Stillstandspunkt zum höchsten Reibwert überhaupt führen (Haftreibung). Unglücklicherweise arbeiten die Uhrenlager gerade in diesem Kennlinienpunkt, denn die Drehzahlen sind nicht nur sehr klein, die Hemmung bringt das Räderwerk auch immer wieder zum völligen Stillstand.

Zapfenlager

Was zu tun ist, um dennoch zu einem kleinen Reibungsmoment zu kommen, ist aus Gleichung 2 abzulesen. Zapfenradius r und Reibungszahl μ müssen so klein wie irgend möglich sein. Die Zapfendurchmesser können natürlich nicht beliebig klein gemacht werden, weil die erforderliche Festigkeit eine natürliche Grenze setzt. Sie müssen immerhin dick genug sein, um nicht verbogen zu werden oder gar zu brechen. Um eine kleine Reibungszahl zu erreichen, müssen die Oberflächen möglichst glatt gehalten werden. Aber selbst eine auf Spiegelglanz polierte Fläche ist im mikroskopischen Bereich nicht völlig glatt, sondern hat eine für den Werkstoff typische Struktur.

Aus diesem Grund dürfen Lager und Zapfen nicht aus dem gleichen Material bestehen, weil sonst eine Art Verzahnung der Oberflächen stattfände.

Bei den Uhren bestehen die Zapfen aus Stahl, der gehärtet und poliert wird, und die Lager aus Messing und bei gehobenen Ansprüchen aus Edelsteinen, meist künstlichen Rubinen. Die Steine bieten nicht nur durch ihre größere Härte einen geringeren Verschleiß, sie haben, entsprechend poliert, auch eine glattere Oberfläche als Messing.

Die Verschiedenheit der Werkstoffe ist aus dem gleichen Grund auch für andere aufeinander gleitende Teile in einer Uhr wichtig, z. B. für Räder, Triebe und für Teile der Hemmungen.

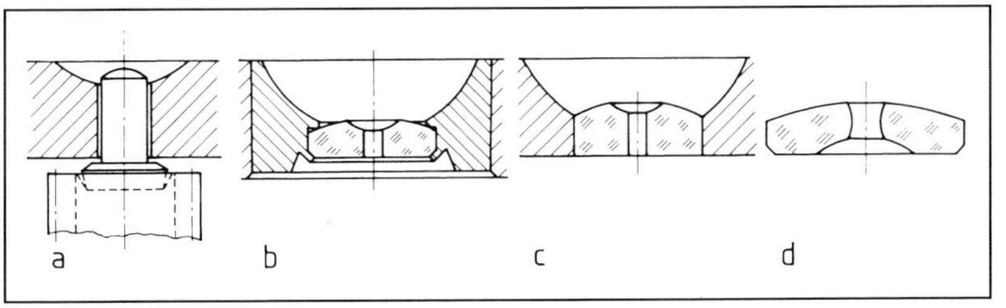

2.23 Zapfenlager
a) Messinglager, b) Lochstein in einer Fassung (Chaton), c) eingepresster Lochstein, d) Lochstein bombiert mit olivierter Bohrung

Auch die Form des Zapfenlagers ist nicht unwichtig. Um das Verlaufen des Öls zu verhindern, ist eine Ölsenkung vorhanden (Abb. 2.23). Das radiale Lagerspiel soll klein, muss aber doch groß genug sein, damit sich ein Ölfilm durch das Lager ziehen kann. Auch das axiale Spiel darf nicht zu groß sein, muss aber auch bei einem etwaigen Verzug der Werkplatten noch einen leichten Lauf garantieren.

In den Steinlagern sind die Rubine bei den älteren Uhren gefasst, wobei es für die Fassungen (Chatons) eine Reihe unterschiedlicher Konstruktionen gibt. Bemerkenswerterweise wurde aber immer Wert darauf gelegt, dass ein großer Teil der Steinoberfläche sichtbar bleibt (Abb. 2.23b u. c). Auch wurden die Steine so ausgesucht, dass ihre Farben für ein und dasselbe Uhrwerk gut übereinstimmen. In der Tat bildet ein Uhrwerk mit seinen verschiedenfarbigen Oberflächen von Messing, das unter Umständen vergoldet ist, poliertem oder gebläutem Stahl und hellen oder roten Rubinen einen ästhetischen Anblick. Dies gilt durchaus auch für modernere Uhren, bei denen die Steine unmittelbar in entsprechende Bohrungen der Werkplatte eingepresst sind (Abb. 2.23c).

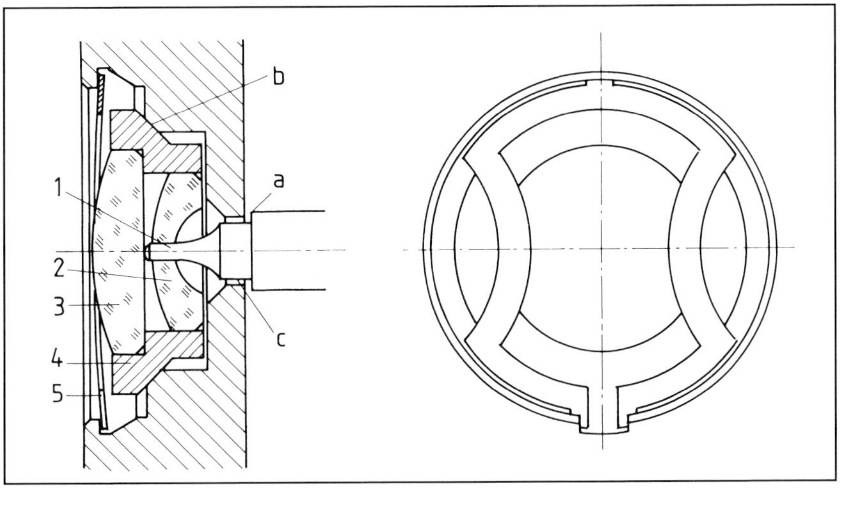

2.24 Stoßsicherung:
1 Zapfen, 2 Lochstein, 3 Deckstein, 4 Steinfassung, 5 Stoßsicherungsfeder

Unruhlager

Für den zuverlässigen Gang eine Kleinuhr in den verschiedenen Lagen, wie sie beim Tragen in der Tasche oder am Handgelenk auftreten, ist die Lagerung der Unruhwelle besonders wichtig. Hier wird zusätzlich zum Lochstein ein Deckstein vorgesehen, auf dem das kugelige Ende des Zapfens läuft, um Lagerbelastungen in axialer Richtung aufzunehmen. Zur Verringerung der Lagenfehler soll die Lagerreibung auf der Zapfenflanke ähnlich klein sein wie auf dem Zapfenende. Auf der Oberseite ist der Lochstein gewölbt („Bombierung"), zwischen ihm und dem Deckstein ist ein kleiner Spalt, sodass eine Ölkammer gebildet wird, in der die Kapillarkräfte das Öl festhalten und immer zur Mitte hinziehen (Abb. 2.24, S. 27). Außerdem haben heute die Unruhlagersteine eine „Olivierung" (Abb. 2.23d, S. 27), um die Lagerreibung zu senken.

Stoßsicherung

Die sehr feinen Zapfen der Unruhwelle sind bei einer etwaigen Stoßbelastung besonders gefährdet. Um die Bruchfestigkeit so gut wie möglich zu erhöhen, wird der Übergang vom Wellen- auf den Zapfendurchmesser elliptisch gestaltet, und zusätzlich wird oft durch eine elastisch nachgiebige Lagerung eine Stoßsicherung geschaffen, wie das bei modernen Taschen- und Armbanduhren fast immer der Fall ist.

Die bekannteste Art der Stoßsicherung ist in Abbildung 2.24 (S. 27) gezeigt. Hier werden der Loch- und der Deckstein durch eine lyraförmige Feder gehalten und zentriert, können aber bei einer Stoßbelastung nachgeben. Erfolgt der Stoß in der Längsrichtung der Welle, so federt das Steinfutter mit den beiden darin sitzenden Steinen axial aus, und die Welle setzt sich mit ihrem ebenen Absatz bei a auf die Fassung und entlastet damit Zapfen und Steine. Bei einem Stoß in radialer Richtung verschiebt sich das Steinfutter in der kegeligen Sitzfläche b, sodass die zylindrische Absatzfläche bei c mit der Bohrung in der Fassung zur Anlage kommt.[2]

In beiden Fällen sorgt die Stoßsicherungsfeder dafür, dass das Steinlager alsbald wieder in seine zentrische Lage zurückkehrt. In den Spalten zwischen der Welle und den Auflageflächen, die notwendigerweise ziemlich eng sein müssen, darf sich kein Öl oder Schmutz befinden, die den Gang der Unruh behindern würden.

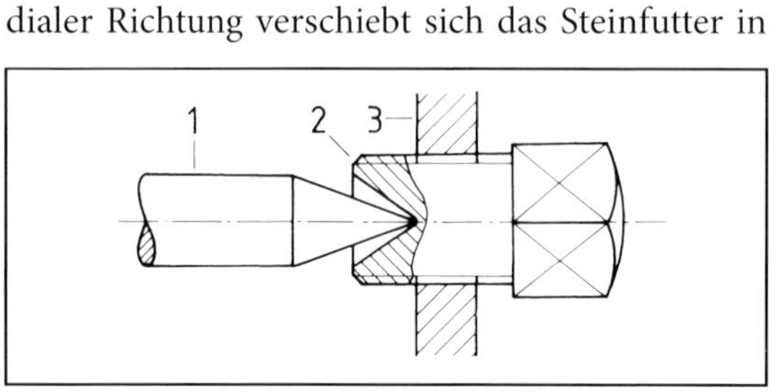

2.25 Spitzenlager
1 Unruhwelle, 2 Körnerschraube, 3 Platine

Spitzenlager

Bei vielen Weckern und anderen preiswerten Gebrauchsuhren gibt es eine ganz andere Art der Lagerung der Unruhwelle, das Spitzenlager (Abb. 2.25). Welle und Körnerschraube bestehen hier beide aus Stahl, also aus dem gleichen Material, was sonst verpönt ist. Die Auflagefläche ist aber klein, und so lange Wellenende und Lager wirklich spitz sind, ist die Reibung gering. Die Lebensdauer ist aber bei weitem nicht so groß wie bei einem guten Steinlager. Sie lässt sich aber bei diesem Lagertyp durch galvanische Überzüge oder einen Hohlkörnerstein verbessern.

Öle

Durch einen Ölfilm an den gleitenden Flächen lässt sich die Reibung bewegter Teile beträchtlich herabsetzen. Dieser erwünschte Effekt wird aber gemindert, wenn das Öl durch Oxidation mit dem Luftsauerstoff oder durch Verschmutzung mit dem allgegenwärtigen Staub seine Schmierfähigkeit einbüßt. Bei einer Großuhr reicht die Antriebskraft meist noch aus, um das Räderwerk zu bewegen, selbst wenn die Uhr seit Jahren kein frisches Öl mehr erhalten hat, was aber der Uhr im Allgemeinen nicht gut bekommt. Mit zunehmender Miniaturisierung sind die Anforderungen an die Uhrenöle immer größer geworden. Sie sollen nicht altern, keine Metall angreifenden Säuren bilden und sie sollen nicht verlaufen, sondern am Ort ihrer Aufgabe bleiben. Eine charakteristische Eigenschaft vieler Öle ist nämlich, dass sie sich auf einer Fläche unbegrenzt auszubreiten suchen. Mit einer Epilamisierung kann man dem entgegenwirken.

---

2 Wunderbare Animationen zur Stoßsicherung und zu vielen Uhren-Hemmungen finden Sie unter *www.uhrentechnik.de*!

Früher wurden in Uhren Öle pflanzlicher oder tierischer Herkunft benutzt, die aus Olivenkernen, Delphinknochen oder Rinderklauen gewonnen wurden. Die heutigen Uhrenöle sind synthetischer Natur und es gibt sie je nach dem Verwendungszweck in verschiedenen Sorten. So wird in den Hemmungen der Taschen- und Armbanduhren ein anderes Öl verwendet als für die Lagerzapfen und wieder ein anderes für die Zugfedern.

Werkgestell

Großuhren

Das Werkgestell besteht in aller Regel aus zwei Werkplatten oder Platinen, die durch Pfeiler im richtigen Abstand gehalten werden, um Räderwerk, Hemmung und Federhaus unterzubringen. Mindestens eine von beiden Platinen ist demontierbar und wird durch Vorsteckstifte, Muttern oder Schrauben gehalten (Abb. 2.26). Werkteile, die gesondert gelagert werden sollen, sitzen unter Kloben oder Brücken (Abb. 2.27), oder sie sind fliegend auf einem Anrichtstift gelagert (Abb. 2.28). Ein Kloben ist einseitig und eine Brücke beidseitig auf der Platine befestigt. In beiden Fällen sorgen Passstifte für einen definierten Sitz, sodass bei einem Wiedereinbau stets die gleiche Lage gefunden wird.

Als Material für Platinen, Kloben und Brücken kommt fast ausschließlich Messing in Frage. Nur bei alten Uhren wurde auch Eisen verwendet wie z. B. bei den Hochburgunderuhren oder aber Holz bei den älteren Schwarzwalduhren.

Kleinuhren

Taschenuhren hatten ursprünglich ebenfalls Werke mit zwei Platinen und Pfeilern und einem besonderen, oft kunstvoll verzierten Kloben für die Unruh. Daraus haben sich die moderneren Formen entwickelt. Die Bodenplatine auf der Zifferblattseite der Uhr ist keine einfache Platte mehr, sie hat zur platzsparenden Unterbringung der Werkteile Einfräsungen unterschiedlicher Durchmesser und Tiefen. Auf der Werkoberseite gibt es Brücken für die einzelnen Wellen des Räderwerks oder auch Halb- oder Dreiviertelplatinen, in denen mehrere Lagerstellen zusammengefasst sind. Bei modernen Armbanduhren wird gern eine Brücke für das Räderwerk und eine andere für den Aufzugmechanismus mit dem Federhaus und der Einrichtung zum Stellen der Zeiger vorgesehen. So ist es möglich, die Zugfeder zu ersetzen, ohne das Räderwerk zerlegen zu müssen. Fast immer hat der Anker seine eigene Brücke und die Unruh ihren Kloben.

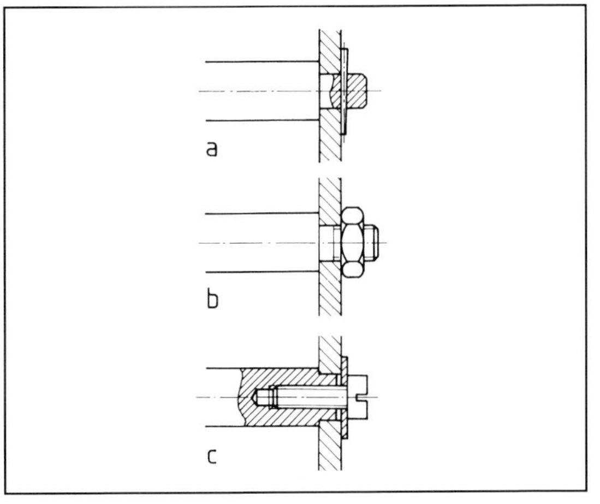

2.26 Lösbare Befestigung der Platinen an den Pfeilern
a) mit einem konischen Vorsteckstift,
b) mit einer Mutter,
c) mit Unterlegscheibe und Schraube

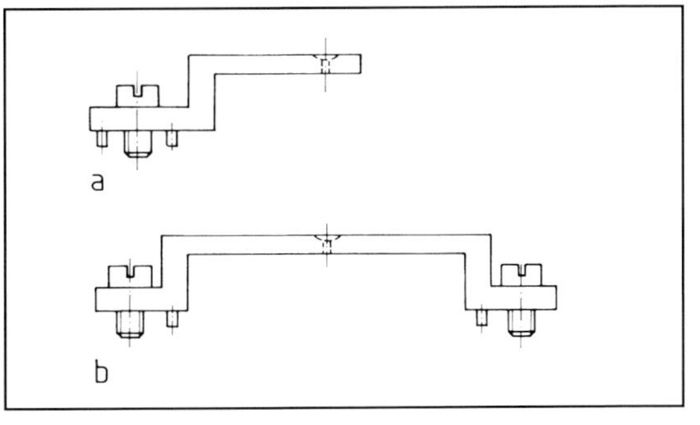

2.27 a) Kloben
b) Brücke

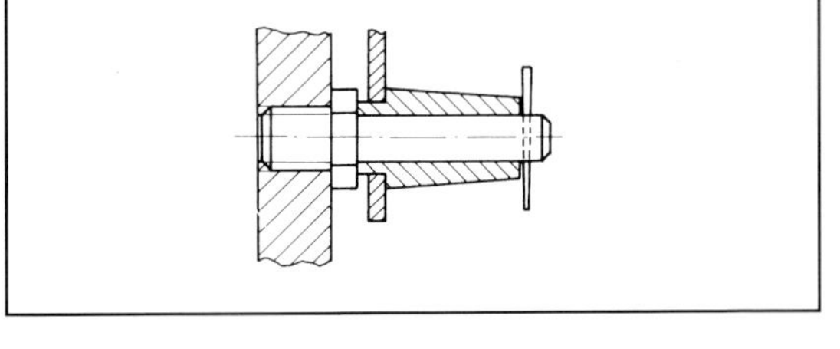

2.28 Lagerung eines Hebels auf einem Anrichtstift

Präzisionspendeluhr mit Gewichtsaufzug und Riefler-Federkrafthemmung, Sigmund Riefler, München 1890, Rieflerpendel Nr. 162 Typ H, DRP Nr. 60059, Höhe 1490 mm

Gangregler

Freiheit ist die Eigenschaft der Wesen, bei denen das Bewusstsein einer Regel der Grund der Handlungen ist.
(Kant)

Pendel

Mathematisches Pendel

Ein Uhrenpendel besteht aus einem meist linsenförmigen Körper, in dem fast die ganze Masse des Pendels konzentriert ist, und aus einem Pendelstab, auf dem die Linse verschiebbar angeordnet ist, und der an seinem oberen Ende beweglich, meist mittels einer einfachen oder doppelten Blattfeder, aufgehängt ist (Abb. 3.1a). Die Form der Pendellinse ergibt sich aus der Forderung nach einem geringen Luftreibungswiderstand. Die Verschiebbarkeit ist nötig, um die Schwingungszeit regulieren zu können.

In Abbildung 3.1b ist eine ältere Form der Pendelaufhängung dargestellt. Hier ist der Pendelstab in eine Fadenschlaufe eingehängt, deren eines Ende mit einem Knoten gesichert ist, während das andere um eine Regulierwelle geschlungen ist. Indem diese von der Zifferblattseite her mittels eines Vierkantschlüssels gedreht wird, lässt sich die Pendellänge zur Regulierung der Schwingungszeit einstellen.

Die Pendelschwingung kommt durch ein Wechselspiel von Gewichts- und Trägheitskräften zustande. Zum leichteren Verständnis wird ein abstraktes mathematisches Modell benutzt, man denkt sich die gesamte Masse m des Pendels in einem Punkt konzentriert und an einem masselosen Faden der Länge l aufgehängt (Abb. 3.2b). Eine kleine Bleikugel an einem Stück Nähfaden bildet eine gute Annäherung an das mathematische Pendel, mit der sich experimentieren lässt. Um die Ergebnisse dieses Abschnitts auf ein wirkliches Uhrenpendel anwenden zu können, setzt man l gleich der reduzierten Pendellänge, das ist die Länge eines mathematischen Pendels gleicher Schwingungsdauer. Der Punkt des Uhrenpendels, dessen Abstand vom Biegungspunkt der Aufhängung gleich der reduzierten Pendellänge ist, heißt Schwingungsmittelpunkt. Er liegt etwas oberhalb des Linsenschwerpunktes. Als Aufhängepunkt wird bei der üblichen Federaufhängung ein Punkt angenommen, der um ein Drittel der Federlänge von deren Einspannpunkt entfernt ist.

Auf die Pendelmasse wirkt die nach unten gerichtete Gewichtskraft. Diese hat in der vom Faden vorgegebenen Bewegungsrichtung eine Komponente, die ungefähr der Auslenkung, also dem Winkel φ, proportional ist. Dies ist zwar nur ungefähr richtig, doch wenn wir diese kleine Ungenauigkeit zunächst einmal hinnehmen, so haben wir es mit einem Vorgang zu tun, der allgemein als harmonische Schwingung bezeichnet wird, und dessen Kennzeichen das Auftreten einer Rückstellkraft ist, die zur Auslenkung aus der Gleichgewichtslage proportional ist. Das Bewegungsgesetz, das den Pendelausschlag φ in Abhängigkeit von der Zeit t beschreibt, lautet unter den vorliegenden Bedingungen:

$$\varphi = \varphi_0 \cos \left(\sqrt{\frac{g}{l}} \cdot t \right) \qquad \text{Gl. 3}$$

Dabei ist φ_0 der Maximalausschlag, die Amplitude der Schwingung, und g die Konstante der Erdanziehung oder Fallbeschleunigung. Die Zeit, nach der der Vorgang sich wiederholt, ergibt sich zu

$$T = 2\pi \sqrt{\frac{l}{g}} \qquad \text{Gl. 4}$$

Diese letzte Gleichung wird oft ohne den Faktor 2 angegeben. Das liegt daran, dass die Uhrmacher gerne mit Halbschwingungen statt Vollschwingungen rechnen. Zu einer Vollschwingung entsprechend einer Periode der cos-Funktion in Gleichung 3 gehört ein Ausschlagen des Pendels bis zum Umkehrpunkt, das Zurückschwingen und Ausschlagen in die Gegen-

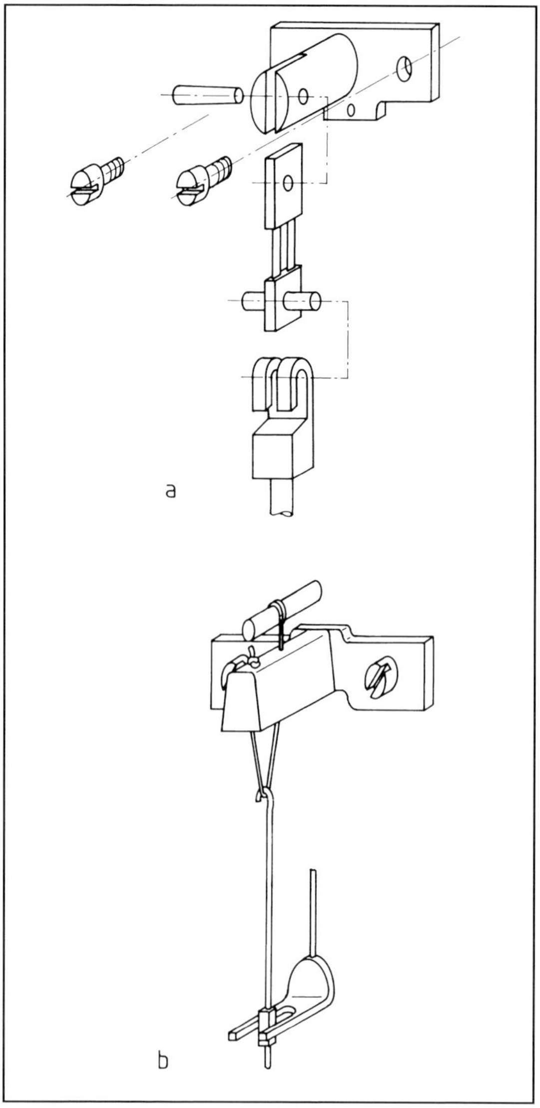

3.1 Pendelaufhängung:
a) mit einer Pendelfeder,
b) mit einem Faden

richtung und schließlich nach erneuter Richtungsumkehr das Rückschwingen in die Ausgangslage.

Zum Beispiel wird ein Pendel mit einer Halbschwingungszeit von einer Sekunde als Sekundenpendel bezeichnet. Hier ist also T = 2 s, und die erforderliche reduzierte Pendellänge ergibt sich aus Gleichung 4 zu

$$l = \frac{T^2 \cdot g}{4\,\pi^2} = \frac{4\,s^2 \cdot 9{,}81\,m/s^2}{4\,\pi^2} = 0{,}993961\,m$$

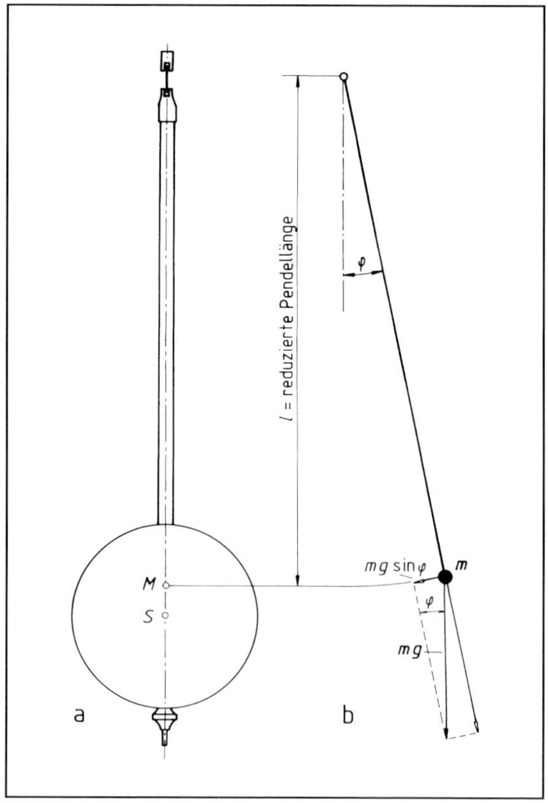

3.2 Pendel
a) Uhrpendel, b) mathematisches Pendel
S Schwerpunkt der Pendellinse, M Schwingungsmittelpunkt

Längenänderungen

Mit Hilfe der Differentialrechnung lässt sich aus Gleichung 4 der Zusammenhang zwischen einer Änderung der Pendellänge Δl und der zugehörigen Veränderung der Schwingungszeit ΔT berechnen

$$\Delta l = 2\,l\,\Delta T/T \qquad \text{Gl. 5}$$

Geht z. B. eine Uhr mit Sekundenpendel, also mit l = 0,994 m, am Tage um 4,5 min nach, so ist

$$\Delta T/T = \frac{-\,4{,}5\,min}{24\,h \cdot 60\,min/h} = -\,0{,}003125$$

und

$$\Delta l = 2 \cdot 0{,}994\,m \cdot (-0{,}003125) = -\,0{,}0062\,m = -\,6{,}2\,mm$$

Zur Korrektur ist also die Pendellinse um etwa 6 mm höher zu setzen.

Anisochronismus

Da die Fallbeschleunigung g für einen bestimmten Aufstellungsort konstant ist, hängt die Schwingungszeit T nach Gleichung 4 allein von der Pendellänge l ab. Sie ist insbesondere nicht von der Schwingungsweite φ_0 abhängig und somit „isochron", also gleich lang bleibend. Leider gilt diese erfreuliche Feststellung wegen der eingeführten Vereinfachungen nur in der Theorie, aber nicht für die reale Pendelschwingung. Der in Wahrheit vorhandene Anisochronismus hat seine Ursache aber nicht, wie man nach Gl. 5 vielleicht denken könnte, in der unrealistischen Idealisierung des mathematischen Pendels. Er liegt vielmehr an der nur ungefähr richtigen Annahme einer dem Pendelausschlag proportionalen Rückstellkraft, die in Wahrheit nur mit dem Sinus des Ausschlags anwächst (Abb. 3.2b). Dieser kleineren Rückstellkraft entsprechend wird ein Pendel mit größerem Ausschlag langsamer, die Schwingungszeit also größer. Statt der Gleichung 4 gilt

$$T = 2\pi \sqrt{\frac{l}{g}} \cdot K$$

zusammen mit der Korrekturfunktion K nach der Abbildung 3.3.

Man sieht leicht, dass die Werte nur ganz geringfügig von 1 abweichen. Für Winkelausschläge bis zu 7° nach beiden Seiten, und so weit schwingt kaum ein Uhrenpendel, bleiben die Abweichungen unter einem Promille. Auch würde der Anisochronismus für die Zeitmessung überhaupt keine Rolle spielen, wenn die Ausschlagweite des Pendels immer die gleiche bliebe. Das kann man aber nicht unbedingt voraussetzen, denn die Antriebskraft einer Zugfeder ist nicht konstant, Ungenauigkeiten in der Kraftübertragung des Räderwerkes sind möglich und schließlich auch allmähliche Veränderungen der Zähigkeit des Öles. Wie sich das auswirkt, macht ein kurzes Rechenbeispiel deutlich. In einer Uhr soll sich der Pendelausschlag von 5° auf 4° verringern. Der Wert der Korrekturfunktion ändert sich dann nach Abbildung 3.3 von 1,00048 auf 1,0003, also um 0,00018.

Das bedeutet, dass die Uhr nun in jeder Sekunde um 0,00018 Sekunden vorgeht und demnach in 24 Stunden um 0,00018 Sekunden · 60 · 60 · 24 = 15,5 Sekunden. Also an sich ein unbedeutender Fehler, der im Alltagsleben keine Rolle spielt, sich aber in mehreren Tagen zu einer merklichen Abweichung addiert und in einer Uhr hoher Genauigkeit nicht zu tolerieren ist.

Moderne Präzisionsuhren sind so konstruiert, dass sie mit nur sehr geringen Pendelausschlägen unterhalb von 1° auskommen. In diesem

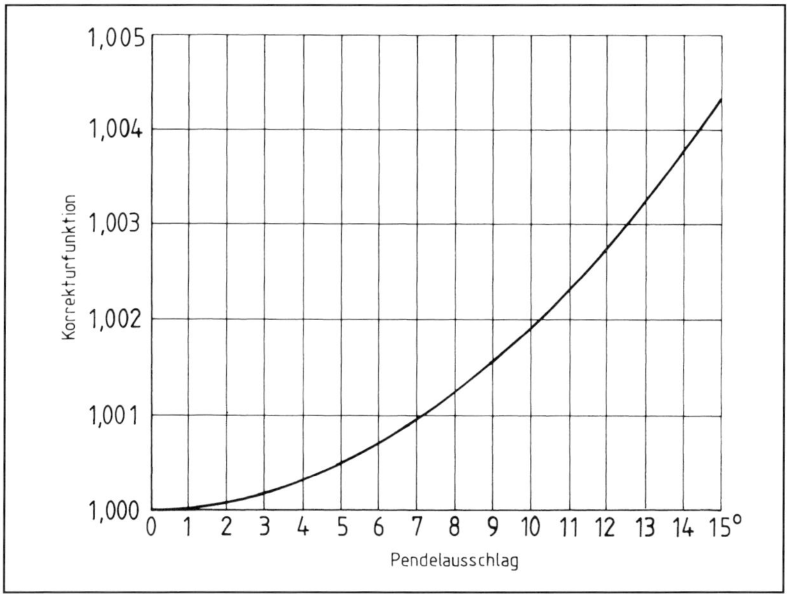

3.3 Korrekturfunktion

Bereich sind die möglichen Abweichungen nach Abbildung 3.3 äußerst gering. Außerdem soll die Antriebskraft möglichst gleich bleiben. Dies allerdings noch aus einem anderen Grund. Alle bisherigen Ergebnisse gelten nämlich für frei (also unbeeinflusst und reibungslos) schwingende Pendel. Da die Uhrenpendel aber wegen der Reibung eines Antriebs bedürfen, wird ihr Schwingungsverhalten mehr oder weniger vom Ideal der freien Schwingung abweichen.

Ein Ziel der Konstruktion der Hemmungen besteht darin, diese Beeinflussung der Pendelschwingung durch den Antrieb möglichst klein zu halten. Das gelingt dann am besten, wenn der Antrieb nur ganz kurzzeitig, und zwar in dem Augenblick erfolgt, in dem das Pendel seine größte Geschwindigkeit hat, also beim Durchgang durch seine Ruhelage (unterer Totpunkt).

Temperaturfehler

Eine weitere Ungenauigkeit entsteht durch die Temperaturabhängigkeit der Pendellänge. Bekanntlich dehnen sich die Körper in der Wärme aus. Wie stark sie das tun, beschreibt der Längenausdehnungskoeffizient α, der für die verschiedenen Materialien angibt, um welchen Bruchteil seiner Ursprungslänge sich ein Körper bei einer Erwärmung um ein Grad ausdehnt.

Längenausdehnungskoeffizienten verschiedener Stoffe

Quarz		0,000 0005/° K
Invar		0,000 0017/° K
Holz	von	0,000 0032/° K
	bis	0,000 0080/° K
Stahl		0,000 0120/° K
Nickel		0,000 0130/° K
Messing		0,000 0184/° K

So wird z. B. ein Sekundenpendel aus Holz mit α = 0,000004/Grad Kelvin bei einer Temperaturerhöhung um 5 Grad Kelvin seine Ausgangslänge von 0,994 m um

$\Delta l = 0{,}994\ \text{m} \cdot 0{,}000004/°\ \text{K} \cdot 5°\ \text{K} = 0{,}0000199\ \text{m}$

ändern. Dem entspricht nach Gleichung 5 ein relativer Fehler der Schwingungszeit von

$$\Delta T/T = \frac{\Delta l}{2 \cdot l} = \frac{0{,}0000199\ \text{m}}{2 \cdot 0{,}994\ \text{m}} = 0{,}00001$$

Die Uhr geht also in diesem Beispiel je Sekunde um 0,00001 s nach und demnach in 24 Stunden um 86400 · 0,00001 s = 0,86 s

Hierdurch wird deutlich, dass der Temperatureinfluss bei einer gewöhnlichen Gebrauchsuhr mit Holzpendel in einem beheizten Wohnraum überhaupt keine Rolle spielt, da größere Fehler anderer Ursachen, z. B. Isochronismusfehler, ohnehin vorhanden sind.

Ein noch günstigerer Werkstoff als Holz ist Invar; das ist ein mit ca. 36 % Nickel legierter Stahl, für den sich mit den gleichen Annahmen wie oben ein tägliches Nachgehen von nur 0,32 s ergibt. Auch dieser kleine Temperaturfehler kann für Präzisionspendeluhren durch ein Kompensationspendel noch vermieden werden.

Dabei wird die Pendellinse in ihrem Schwerpunkt auf ein Kompensationsrohr aus Messing abgestützt, das seinerseits über ein Zwischenrohr aus Invar auf der Pendelmutter aufliegt (Abb. 3.4a). Bei einer Temperaturzunahme wird der Pendelstab aus Invar ein wenig länger, wodurch die Pendellinse sich nach unten verschieben würde, wenn dem nicht die Ausdehnung des Messingrohrs entgegenwirken würde. Da Messing

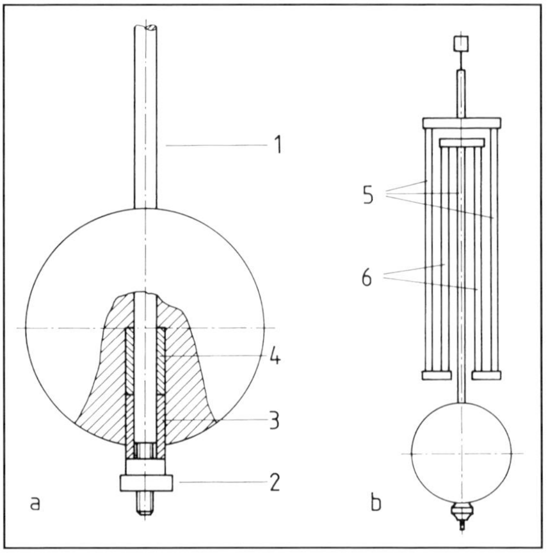

3.4 Kompensationspendel:
a) Invarpendel
1 Pendelstab aus Invar, 2 Pendelmutter,
3 Zwischenrohr aus Invar, 4 Kompensationsrohr aus Messing
b) Rostpendel
5 Eisenstäbe, 6 Messing- oder Zinkstäbe

einen wesentlich größeren Ausdehnungskoeffizienten hat als Invar, ist das Kompensationsrohr nur kurz, und, damit es die Pendellinse in deren Schwerpunkt unterstützen kann, ist noch das Zwischenrohr aus Invar nötig. Bei richtiger Bemessung kann erreicht werden, dass die reduzierte Pendellänge konstant bleibt.

Vor der Erfindung des Invarstahls dienten die nach dem gleichen Prinzip wirkenden Rostpendel (Abb. 3.4b) dem gleichen Zweck. Sie sind heute noch häufig an Wanduhren anzutreffen, wo sie von etwas zweifelhaftem Wert und häufig auch nur als modische Spielerei vorgetäuscht sind.

Unruh und Feder

Federpendel

Die Gangregler tragbarer Uhren bestehen aus der Unruh, einem kleinen Schwungrad, und einer spiralig oder schraubenförmig gebogenen feinen Feder (Abb. 3.5). So wie die Pendelschwingung durch ein Wechselspiel von Gewichts- und Trägheitskräften entsteht, kommt die Schwingung des Unruh-Spiralfeder-Systems durch ein Zusammenwirken von elastischen Feder- und Trägheitskräften zustande.

Dreht man die Unruh um ein Stück, so wird dadurch die Feder gespannt, welche die Unruh in

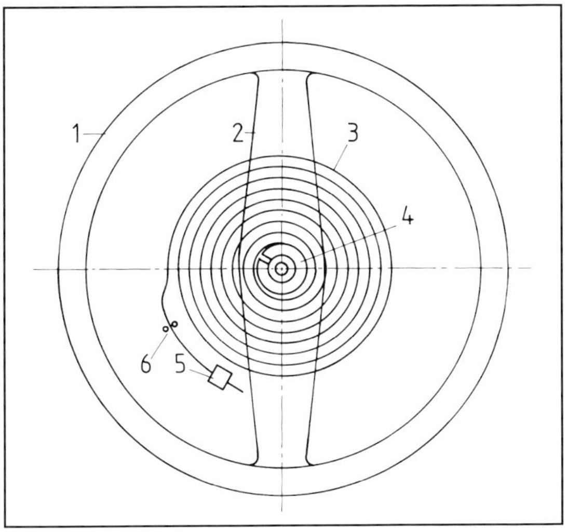

3.5 Unruh und Spiralfeder:
1 Unruhreif, 2 Schenkel, 3 Spirale, 4 Spiralrolle, 5 Spiralklötzchen, 6 Spiralschlüssel

die Gleichgewichtslage zurückzieht. Dabei wird aber die zum Spannen der Feder aufgewendete und dann in ihr gespeicherte Arbeit in kinetische Energie umgewandelt. Vermöge dieser Energie schwingt die Unruh über die Nulllage hinaus und spannt die Feder diesmal in der Gegenrichtung, sodass sich das Wechselspiel der beiden Energieformen so lange fortsetzen wird, bis die ursprünglich aufgewendete Arbeit durch Reibung aufgezehrt ist.

Um die Analogie mit dem Schwerkraftpendel zu betonen, bezeichnet man einen solchen Schwinger als ein Federpendel. Mit dem Ausschalten der Schwerkraft ist auch schon der Hauptvorteil angesprochen, ein solcher Gangregler ist von der Erdanziehung unabhängig und kann deshalb in tragbaren Uhren mit ihren wechselnden Gebrauchslagen angewendet werden.

Die der Gleichung 4 (S. 31) entsprechende Beziehung für die Schwingungszeit lautet hier

$$T = 2\pi \sqrt{\frac{12 \cdot I \cdot l}{E \cdot h \cdot s^3}} \qquad \text{Gl. 7}$$

Dabei ist l die Länge der Spiralfeder, h deren Breite und s die Federstärke. Mit E ist der Elastizitätsmodul des Federwerkstoffs bezeichnet, und I ist das Trägheitsmoment der Unruh.

Der Elastizitätsmodul ist eine werkstofftypische Größe, die den Zusammenhang zwischen den auf einen Körper wirkenden Kräften und den dadurch verursachten Verformungen herstellt. Er hat für Stahl den Wert 210 000 N/mm^2.

Das Trägheitsmoment ist eine Größe, die zum Quadrat des Unruhradius multipliziert mit der Masse der Unruh proportional ist. Allgemein wird das Trägheitsmoment eines rotierenden Körpers um so größer, je größer die Abstände seiner Teile von der Drehachse sind. Ein sehr bekanntes Beispiel ist eine Eisläuferin, die bei einer Drehung das Trägheitsmoment ihres Körpers durch Anlegen oder Abspreizen der Arme klein oder groß machen kann.

Hiermit wird aus Gleichung 7 deutlich, wie sich die Schwingungszeit und damit der Gang der Uhr beeinflussen lassen. Die Schwingungszeit wird größer, die Uhr also langsamer, wenn das Trägheitsmoment vergrößert, also mehr Masse nach außen verlagert oder außen zusätzliche Masse angebracht wird, oder wenn die Feder verlängert wird, schließlich wenn eine weichere Feder mit geringeren Querschnittsabmessungen oder aus einem weniger elastischen Material verwendet wird. Die Möglichkeiten sind also vielfältiger als bei der Pendelschwingung, wo die Veränderung der reduzierten Pendellänge das einzige Mittel darstellt. Hier wird insbesondere mittels des Rückers die wirksame Länge der Feder verändert, um die Uhr zu regulieren.

Isochronismus

Die Gleichung 4 gibt die Schwingungszeit eines Pendels nur näherungsweise wieder bzw. sie beschreibt das Grenzverhalten für sehr kleine Winkel. Die Ursache ist, wie besprochen, ein nicht linearer Zusammenhang zwischen Ausschlag und Rückstellkraft.

Bei einem Federpendel ist es nicht so, denn die Kraft einer Feder ist recht genau der Verformung proportional. Es gibt deshalb keinen Anlass, die Hemmungen tragbarer Uhren so zu konstruieren, dass die Winkelausschläge klein bleiben. Man ist im Gegenteil an großen Amplituden interessiert, weil dann Störungen des Schwingers durch Stöße von außen sowie durch den Hemmungseinfluss gering bleiben. Da Gleichung 7 auch für große Winkel gilt, ist das Unruh-Spirale-System prinzipiell isochron, also gleichschwingend.

Falls es sich um eine flache Spirale handelt, bei der alle Windungen in einer Ebene liegen, muss diese Feststellung sogleich wieder eingeschränkt werden. Wegen des starren äußeren Ansteckpunktes können sich die Windungen nicht alle in gleicher Weise entwickeln, sodass der Isochronismus gestört ist. Zur Abhilfe wird bei feinen Uhren die letzte Windung über die Ebene der übrigen gebogen und zu einer Endkurve so geformt, dass der äußere Befestigungspunkt mehr zum Zentrum hin verlegt wird (Abb. 3.6).

Diese Art der Spiralen wurde von Abraham Louis Breguet (1747–1823) erfunden und von dem französischen Mathematiker Philipps theoretisch begründet. Außer der flachen und der Breguet-Spirale werden schraubenförmige Wendelfedern verwendet. Da sie mehr Höhenraum beanspruchen, kommen sie für Taschen- und Armbanduhren nicht in Frage, wohl aber für Marinechronometer, die das Hauptanwendungsgebiet bilden. Diese Federn mit Endkurven an beiden Enden verformen sich stets symmetrisch, und ihr Schwerpunkt bleibt immer auf der Drehachse.

Temperatureinfluss

Eine Taschenuhr ist einer vergleichsweise großen Temperaturspanne ausgesetzt. Tagsüber dicht am Körper getragen, kann sie bei Nacht erheblich abkühlen. In der Wärme dehnt sich die Unruh aus, das Trägheitsmoment I wird größer und bringt die Uhr nach Gleichung 7 zum Nachgehen. Die Vergrößerung der Spiralfederlänge l wirkt im gleichen Sinn, wird aber durch die gleichfalls größer werdenden Querabmessungen h und s merklich überkompensiert, da ja s mit der dritten Potenz in die Gleichung eingeht, sodass die Dehnung von Unruh und Feder insgesamt zu einem Vorgehen führt.

Zu diesen beiden Einflüssen kommt noch hinzu, dass der Elastizitätsmodul von Stahl mit wachsender Temperatur kleiner wird, was zu einem Nachgehen führt. Da der zuletzt genannte Effekt bei weitem größer ist als die beiden anderen, kommt insgesamt bei einer Unruh aus Messing mit einer Spiralfeder aus Stahl ein tägliches Nachgehen von etwa 11 Sekunden je Grad Temperaturerhöhung zusammen.

Ein teilweiser Ausgleich dieser Temperaturfehler ist mittels einer Kompensationsunruh möglich (Abb. 3.7). Hier ist der Unruhreif in unmittelbarer Nähe der Schenkel aufgeschnitten. Außerdem ist er bimetallisch, er besteht innen aus Stahl und außen aus Messing. Da das Messing sich bei einer Erwärmung stärker dehnt als der Stahl, biegen sich die freien Enden der Reifhälften nach innen, sodass das Trägheitsmoment kleiner wird und die Uhr zum Vorgehen bringt, wodurch das oben beschriebene Nachgehen ausgeglichen wird. Der Ausgleich kann durch Verlagern von Massen vom festen zum freien Ende der Reifhälften verstärkt und um-

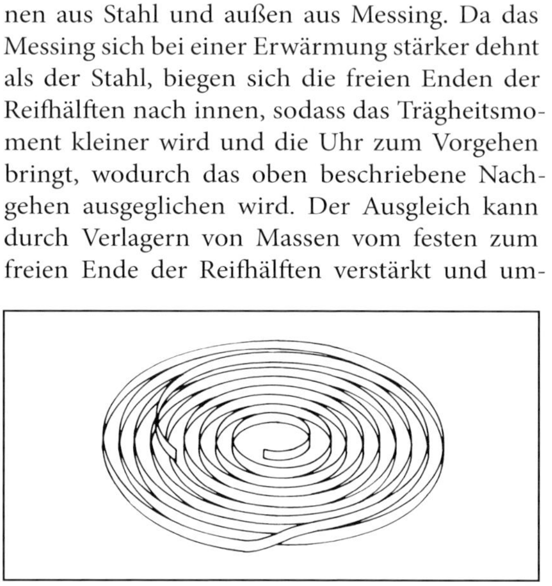

3.6 Spiralfeder mit Endkurve

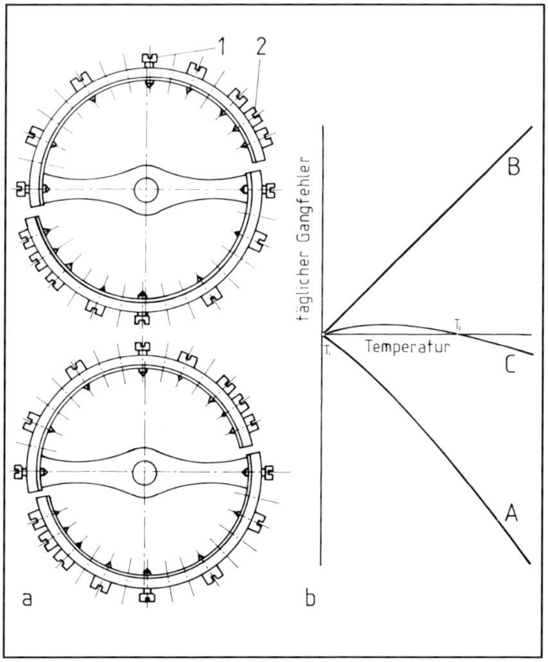

3.7 Kompensationsunruh:
a) oben in der Kälte, unten in der Wärme
1 Regulierschraube, 2 Masseschraube
b) Kurve
A Störungswirkung, B Ausgleichswirkung,
C sekundärer Fehler

gekehrt abgeschwächt werden, indem die dazu vorgesehenen Masseschrauben 2 am Umfang versetzt werden.

Zusätzlich vorhandene Regulierschrauben 1 dienen der Veränderung der Schwingungsdauer ohne Beeinflussung der Kompensationswirkung und der richtigen Einstellung des Schwerpunktes, der auf der Mittellinie liegen soll, weil der Gang der Uhr sonst lagenabhängig wird.

Die im Wesentlichen durch die Temperaturabhängigkeit des Elastizitätsmoduls bestimmte Störungswirkung ist nicht linear und wird durch eine gekrümmte Kennlinie beschrieben. Diejenige der Ausgleichswirkung ist aber recht genau geradlinig, sodass ein vollständiger Ausgleich nur für zwei Temperaturen T_1 und T_2 möglich ist (Abb. 3.7b). Der bei allen anderen Temperaturen verbleibende Gangfehler wird sekundärer Fehler genannt.

Bei modernen Taschen- und Armbanduhren ist man von der Kompensationsunruh wieder abgekommen und vermeidet so deren Nachteil, wegen ihrer geringen Steifheit durch Fliehkräfte verformt zu werden. Die Verwendung einer einmetallischen Unruh mit ungeschnittenem Reif wurde möglich durch die Entwicklung von Federwerkstoffen, deren Elastizitätsmodul gerade so von der Temperatur abhängt, dass die übrigen Temperaturfehler ausgeglichen werden. Dieser Werkstoff mit dem Handelsnamen Nivarox ist eine warm aushärtende Legierung von etwa 37 % Nickel, 52 % Eisen und 8 % Chrom mit Zusätzen von Mangan, Silizium, Titan und Beryllium. Das Material ist rostfrei und unempfindlich gegen magnetische Felder. Durch die richtige Abstimmung der drei Größen, welche die Werkstoffeigenschaften beeinflussen, die Zusammensetzung, die Wärmebehandlung und die Kaltverformung, ist es möglich, den Elastizitätsmodul und dessen Temperaturabhängigkeit so zu beeinflussen, dass der Temperaturfehler vollständig vermieden wird.

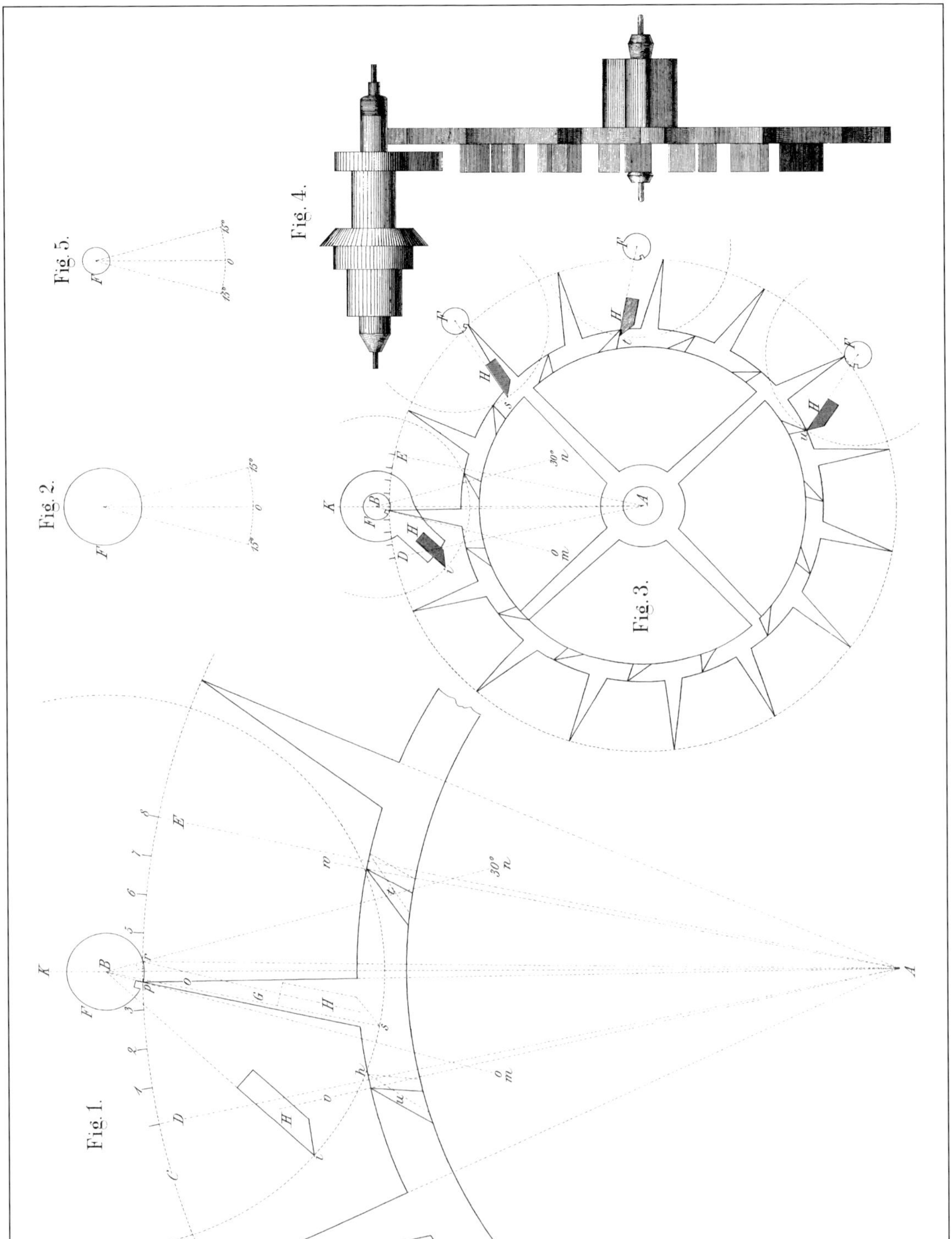

Ruhende Doppelradhemmung, Tafel XIII aus „Beschreibung der Hemmungen der höheren Uhrmacherkunst" von Martens, 1857, Reprint ISBN 978-3-9810461

Hemmungen

Uhren nehmen mit ihrem strengen Maß
den Stunden jenes Schweben,
das sie mit der Unendlichkeit verbindet.
Sie zersägen den vollen Klang des Werdens
(Thomas Niederreuther)

Zweck

Die Hemmung einer Uhr stellt die Verbindung zwischen dem Räderwerk und dem Gangregler her. Ihre Aufgabe ist es, einen zeitäquivalenten schrittweisen Ablauf des Uhrwerks zu erreichen und zugleich dem Gangregler immer wieder die notwendigen Energiebeträge zuzuführen, um ihn trotz der unvermeidlichen Reibungsverluste in Gang zu halten.

Rückführende Hemmungen

Spindelhemmung

Diese ist das älteste und bis zum Ende des 17. Jahrhunderts einzige Hemmungssystem, das deshalb in Uhren aller Größen von der Turmuhr bis zur Taschenuhr anzutreffen ist. Das Hemmungs- oder Spindelrad hat spitze, stark unterschnittene Zähne, die nicht in der Radebene, sondern senkrecht zu ihr liegen. Die Spindel, die der Hemmung den Namen gibt, ist senkrecht zur Radwelle angeordnet und besitzt zwei Bleche, Hemmungslappen genannt, die, ungefähr einen rechten Winkel miteinander bildend, abwechselnd auf entgegengesetzten Seiten des Hemmungsrades in dessen Zahnung eingreifen (Abb. 4.1a).

Durch die Zahnkraft wird der gerade in Eingriff befindliche Hemmungslappen beiseite geschoben und die Spindel um ihre Längsachse gedreht. Diese Bewegung wird dadurch beendet, dass der andere Hemmungslappen mit einem Zahn auf der anderen Seite des Hemmungsrades in Berührung kommt, wodurch sich das Spiel in entgegengesetzter Richtung wiederholt.

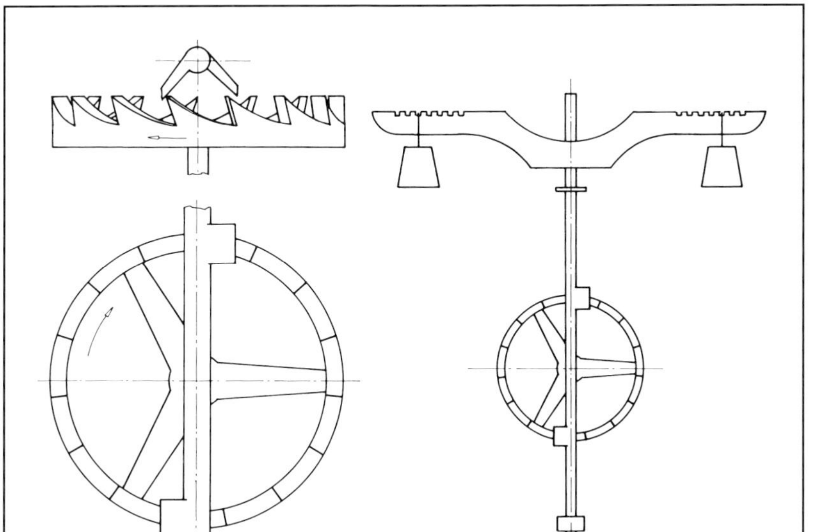

4.1 Spindelhemmung:
a) Hemmungsrad und Spindel,
b) Hemmungssystem einer Uhr mit Spindel und Waag

Vor der Einführung des Pendels durch Galileo Galilei (1564–1642) und Christiaan Huygens (1629–1695) und noch lange darüber hinaus, dann allerdings nicht mehr ausschließlich, wurde dieses Hemmungssystem in ortsfesten Uhren zusammen mit einem auf der vertikalen Spindelachse montierten Schwungrad, Radunrast genannt, verwendet, oder auch mit einem Balken, an dessen beiden Enden verschiebbare Massen zur Veränderung des Trägheitsmomentes angehängt waren (Abb. 4.1b). Diese Waag oder Foliot genannte Anordnung ist im Sinne des vorigen Kapitels kein eigentlicher Gangregler. Wie leicht einzusehen ist, kann die Waag ohne die mit ihr verbundene Uhr keine freie Schwingung ausführen, weil es an einer Rückstellkraft fehlt. Das Hin- und Herschwingen kommt hier nur durch die abwechselnd wirkenden Zahnkräfte zustande, seine Frequenz wird außer durch das Trägheitsmoment der Waag wesentlich durch die Stärke des Antriebs beeinflusst. Um den Rückschwung des Foliots zu verbessern, brachte man auch zwei seitlich auf die Waag wirkende Anschlagfedern oder Schweinsborsten an.

In einer pendelgesteuerten Uhr mit Spindelhemmung, etwa einer Burgunderuhr, ist die Welle des Hemmungsrades vertikal, also senkrecht zu den Wellen des Räderwerkes angeordnet, damit die Spindel selbst wie die Achse des Pendels waagrecht liegen kann. Das Rad, das mit dem Hemmungsradtrieb in Eingriff steht, ist ein Kronrad, es hat seine Zähne senkrecht zur Radebene. Es ist insoweit dem Hemmungsrad einer Spindeluhr

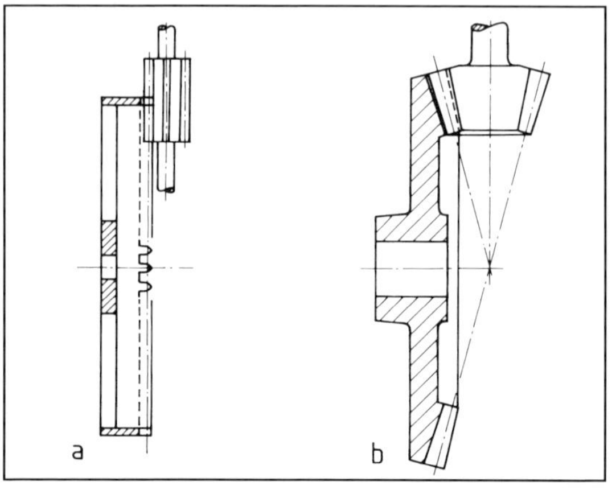

4.2 Zahnradgetriebe mit zueinander senkrechten Wellen
a) zylindrisches Trieb und Kronrad,
b) Kegelräder

ähnlich, hat aber natürlich Zykloidenzähne (Abb. 4.2a). Ein solches Getriebe mit zueinander senkrechten Wellen muss an sich für ein korrektes Abwälzen der Zahnräder als Kegelgetriebe ausgeführt sein (Abb. 4.2b). Bei einer Uhr ist aber die übertragene Leistung so verschwindend klein und die Zahnbreite entsprechend gering, dass ein normales zylindrisches Trieb in Verbindung mit dem beschriebenen Kronrad unter Inkaufnahme erhöhter Reibung noch ausreicht.

Bei einer solchen Uhr versucht das Pendel, der Spindel seine Schwingung aufzuzwingen. Da die Masse des Pendels erheblich größer als die der Spindel ist, gelingt das auch einigermaßen, aber von einer auch nur annähernd freien Schwingung kann keine Rede sein. Einer von beiden Hemmungslappen hat immer Kontakt mit dem Hemmungsrad, und so wird der Gangregler ständig vom Uhrwerk beeinflusst und kann seine Eigenschwingung nur bedingt ausführen. In Verbindung mit der altertümlichen Spindelhemmung kann ein Pendel deshalb seine Vorteile nicht voll entfalten.

Taschenuhren

In tragbaren Uhren mit Spindelhemmung sitzt die Spindel direkt auf der Unruhwelle. Damit diese parallel und die Hemmungsradwelle senkrecht zu den übrigen Wellen des Werkes sein kann, ist auch hier ein Kronrad nötig. Wie oben besprochen, wird die Frequenz der Unruhschwingung merklich von der Antriebskraft beeinflusst, weshalb ein Antrieb mit Kette und Schnecke bei diesen Uhren die Regel ist.

Rückführende Hemmung mit Blechanker

Bei der in dieser Form für Schwarzwalduhren typischen Hemmung können alle Wellen des Räderwerks und diejenige des Ankers parallel zueinander liegen, was natürlich die Konstruktion erheblich einfacher macht. Auch die Wirkungsweise ist günstiger als bei der Spindelhemmung. Es werden nicht mehr ständig Kräfte vom Antrieb auf den Anker und damit auf das Pendel übertragen, allerdings geschieht das immer noch während eines recht großen Teils der Schwingung.

In Abbildung 4.3b bewegt sich das Pendel gerade nach links. Einer der Radzähne hebt dabei

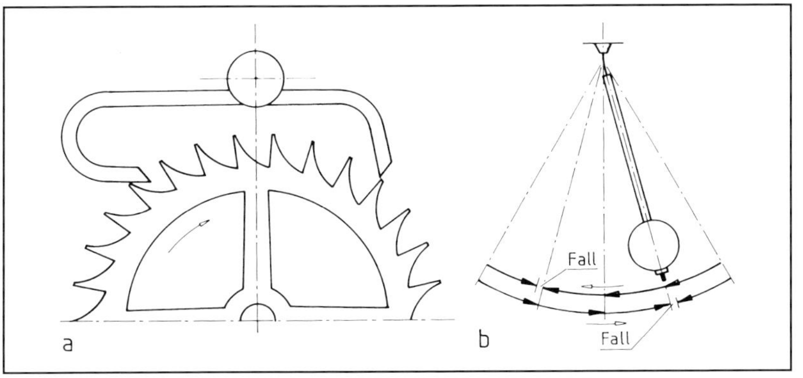

4.3 Rückführende Hemmung:
a) Ausführung mit Blechanker, b) Auf das Pendel übertragene Kräfte (stark ausgezogen)

die Eingangspalette des Ankers (Abb. 4.3a). Auf das Pendel wird somit eine antreibende Kraft in der Bewegungsrichtung übertragen, die aber wegfällt, sobald die Eingangspalette den Bereich der Radzahnung verlässt. In diesem Augenblick kann das Pendel ein kleines Stück, den sogenannten Fall, frei schwingen, bis ein anderer Radzahn auf die Ausgangspalette des Ankers fällt.

Nachdem dies geschehen ist, schwingt das Pendel vermöge seiner kinetischen Energie noch um den Ergänzungsbogen weiter nach links und dreht dabei das Hemmungsrad und mit ihm das ganze Räderwerk entgegen der Antriebskraft um ein zwar kleines, aber gut sichtbares Stück zurück. Das Pendel wird dabei durch den Zahn abgebremst. Sobald es den Umkehrpunkt überschritten hat und sich nach rechts bewegt, kann sich das Hemmungsrad wieder vorwärts drehen. Kraft und Bewegung liegen wieder in der gleichen Richtung, sodass das Pendel angetrieben wird, bis die Ausgangspalette des Ankers aus dem Bereich der Hemmrad-Zahnung austritt. Zugleich fällt aber die Eingangspalette auf einen der Radzähne, es ergibt sich eine erneute Rückführung, und das Spiel von Hebung, Fall und Rückführung kann sich wiederholen.[3]

Die Rückführung ist zweifellos ein Nachteil, weil sie dafür sorgt, dass die Pendelschwingung von der Antriebskraft mit beeinflusst wird und somit weit von der oben behandelten freien Schwingung entfernt ist. So können sich etwa Ungenauigkeiten in den Zahneingriffen des Räderwerkes auf die Zeitmessung auswirken. Dennoch hat die Hemmung auch ihre Vorteile, sie ist vor allem einfach in der Herstellung und unempfindlich. Bei einer federgetriebenen Uhr kann sich sogar die an sich nachteilige Rückführung günstig auswirken. Bei stark gespannter Feder ist der Antrieb der Pendelschwingung groß, das Pendel schwingt weit aus, was bekanntlich (s. S. 30) zu einem Nachgehen führt. Nun wird aber auch der rückführende Effekt groß, sodass gerade die großen Schwingungsweiten besonders stark abgebremst werden.

Der Anker in Abbildung 4.3 ist aus einem Blechstreifen gebogen, was natürlich nicht die einzig mögliche Form ist. Er kann auch aus dem Vollen gearbeitet sein, ohne dass die Funktion der Hemmung, die auch als Hakenhemmung bezeichnet wird, wesentlich anders wird.

Rollenhemmung

In einer Uhr mit kurzem, schnell schwingendem Pendel wird gern ein Hemmungsrad mit vielen Zähnen (50 oder mehr) angewendet, weil das Räderwerk sonst eine noch größere Übersetzung, also eine weitere Zahnradstufe haben müsste, um der hohen Pendelfrequenz von etwa zwei bis vier Schwingungen in der Sekunde Rechnung zu tragen. Für diese Uhren kommt die Rollenhemmung in Frage, deren aus einer zylindrischen Scheibe einer Rolle geschnittener Anker nur über $2^1/_2$ Zähne greift und große Schwingungsausschläge zulässt (Abb. 4.4a, S. 42). Hier ist die Eingangspalette des Ankers konzentrisch zur Ankerachse, so-

3 Wunderbare Animationen zu vielen Uhren-Hemmungen, Stoßsicherungen und Schlagwerken finden Sie unter *www.uhrentechnik.de*!

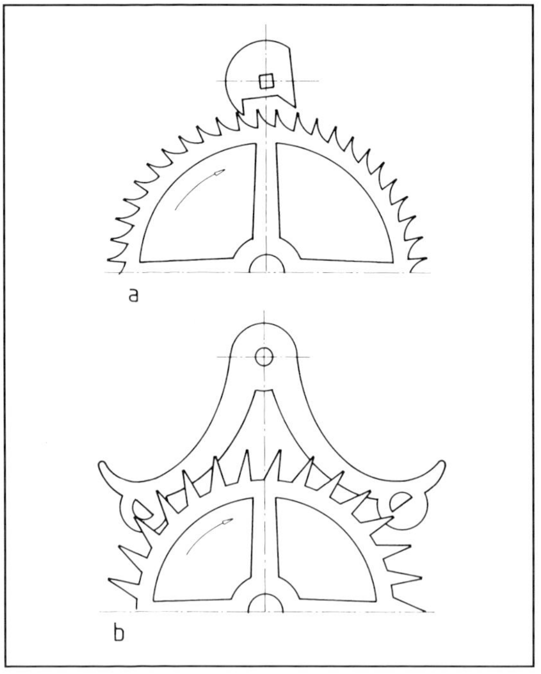

4.4 a) Rollenhemmung, b) Brocot-Hemmung

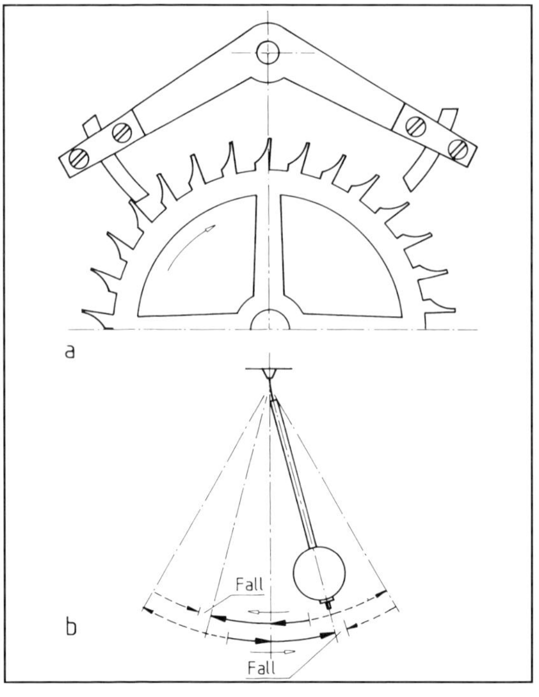

4.5 Graham-Hemmung:
a) Darstellung der Hemmung
b) auf das Pendel wirkende antreibende Kräfte (stark ausgezogen), Reibungskräfte gestrichelt gezeichnet

dass sie keine Rückführung bewirken kann. Die Rollenhemmung ist deshalb eine halb rückführende und halb ruhende Hemmung.

Brocot-Hemmung

Auch diese nach ihrem Erfinder Achille Brocot (1817–1878) genannte Hemmung bildet eine Übergangsform zur ruhenden Hemmung. Die Ankerpaletten bestehen aus halbzylindrischen Stiften (Abb. 4.4b).

So lange einer von ihnen an der radialen vorderen Zahnflanke entlang gleitet, bleibt das Hemmungsrad in Ruhe, erst die Zahnspitze bewirkt eine Hebung, nämlich eine Kraftübertragung auf den Anker. Bei eleganten Pendulen mit Brocot-Hemmung sind die beiden Halbzylinder aus Rubinen geschliffen, und das ganze Hemmungssystem ist von der Zifferblattseite her sichtbar.

Ruhende Hemmungen[4]

Graham-Hemmung

In ruhenden Hemmungen gibt es keine Rückführung, und das Pendel kann auf einem Teil seines Weges angenähert frei schwingen. In der nach dem englischen Uhrmacher George Graham (1673–1751) benannten Pendeluhrhemmung wird das dadurch erreicht, dass die Ruheflächen der Ankerpaletten auf einem zur Ankerachse konzentrischen Zylinder liegen.

In Abbildung 4.5a ist das Pendel gerade rechts und befindet sich auf dem Weg nach links. Einer der leicht unterschnittenen Hemmradzähne liegt an der Ruhefläche der Eingangspalette, und das Rad kann sich nicht vorwärts drehen, aber es wird auch nicht rückgeführt. Auf den Anker und somit auf das Pendel wird dabei zwar eine Reibungskraft übertragen, aber diese ist erheblich geringer als die antreibende Zahnkraft. Erst wenn die Zahnspitze über die schräge Hebefläche gleitet, erfährt das Pendel seinen Antrieb.

Sobald der Anker soweit gehoben ist, dass er den Zahn frei gibt, fällt ein anderer auf die

4 Wunderbare Animationen zu vielen Uhren-Hemmungen, Stoßsicherungen und Schlagwerken finden Sie unter *www.uhrentechnik.de*!

Ruhefläche der Ausgangspalette. Das Pendel und mit ihm der Anker schwingen nun den Ergänzungsbogen, wobei wieder die relativ kleine Reibungskraft der Bewegung entgegengesetzt ist. In Abbildung 4.5b sind die antreibenden Zahnkräfte durch stark ausgezogene und die Reibungskräfte durch gestrichelte Pfeile gekennzeichnet. Gegenüber der rückführenden Hemmung bedeutete die Graham-Hemmung eine erhebliche Verbesserung.

In Verbindung mit einem schweren, massereichen Pendel sind die erwähnten Reibungskräfte nahezu vernachlässigbar, sodass eine recht gute Annäherung an das Ideal der freien Schwingung erreicht ist. Die antreibenden Zahnkräfte, die dem Pendel immer wieder die notwendige Energie zuführen, um sein Stehenbleiben zu verhindern, beeinflussen es immer nur in der Nähe des Durchgangs durch die Gleichgewichtslage, dort wo die Pendelmasse die größte kinetische Energie hat. Auf diese Weise ist die durch den Antrieb verursachte Störung der freien Schwingung am geringsten.

Zylinderhemmung

Diese in tragbaren Uhren angewendete Hemmung (Abb. 4.6) wurde von dem englischen Uhrmacher Thomas Tompion (1639–1713) erfunden und später von George Graham verbessert. Sie hat eine gewisse Ähnlichkeit mit der Graham-Hemmung, wenn dies auch auf den ersten Blick nicht gleich auffällt. Auch die Paletten des Graham-Ankers liegen ja auf einen gedachten Zylinder. Umfasst

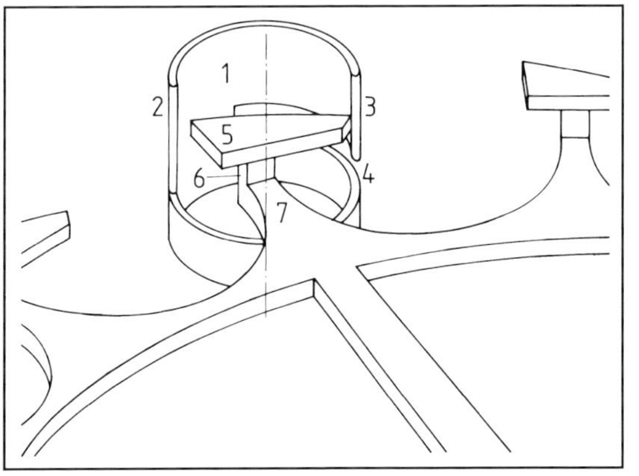

4.6 Zylinderhemmung:
1 Zylinder, 2 Eingangslippe, 3 Ausgangslippe,
4 Durchgang (Passage), 5 Zahn, 6 Zahnträger,
7 Radboden

dieser nur wenige Zahnteilungen, so wird der Pendelausschlag groß.

Nun ist man bei der Unruhschwingung einer Taschenuhr gerade an großen Schwingungsweiten interessiert, und deshalb umfasst hier der Zylinder nur eine halbe Zahnteilung. Die Hebefläche ist auf den Radzahn verlegt, denn die Schnittflächen des dünnwandigen Zylinders bieten dafür zu wenig Raum. So entsteht die charakteristische Keilform der Radzähne. Wegen der großen Schwingungsweiten dürfen die Zähne nicht in der Radebene liegen, sondern auf besonderen Zahnträgern darüber.

Der Zylinder hat einen Ausschnitt, Durchgang oder Passage genannt, damit der Radkörper

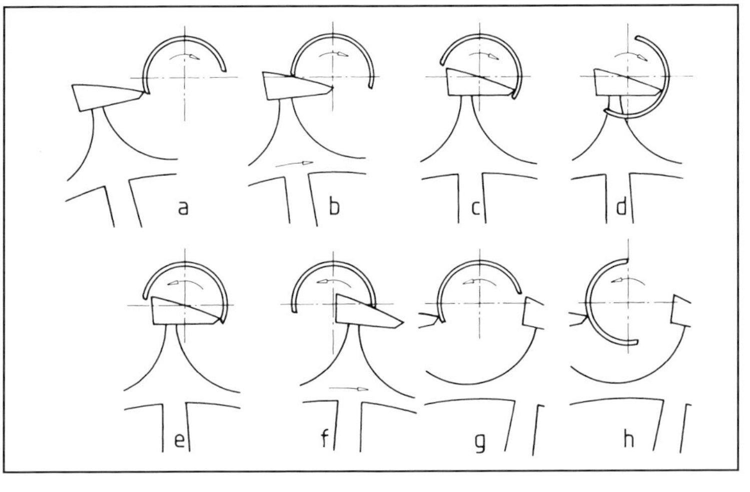

4.7 Zusammenwirken von Zahn und Zylinder in acht Bewegungsphasen

die Schwingung nicht behindert (Abb. 4.7d). Den in Abbildung 4.6 nicht gezeichneten Unruhreif muss man sich oberhalb des Zylinders und noch darüber die Spiralfeder vorstellen. Der Zylinder bildet einen Teil der Unruhwelle.

In Abbildung 4.7 ist der Bewegungsablauf gezeichnet.

- Bei a liegt ein Zahn mit seiner Spitze gerade noch auf der äußeren Zylinderfläche.
- Bei b hat der Zylinder sich bei seinem Rechtsschwung soweit bewegt, dass die Eingangslippe auf die Hebefläche des Radzahns gekommen ist. Das Rad dreht sich und überträgt eine die Unruh antreibende Kraft auf den Zylinder.
- Bei c ist dieser Vorgang beendet, und der Zahn ist auf die Zylinderinnenwand gefallen.
- Bei d schwingt die Unruh den Ergänzungsbogen, dabei nur durch das Moment der Reibungskraft behindert, die gering ist und überdies nur einen kleinen Hebelarm hat.
- Bei e hat sich die Bewegungsrichtung der Unruh umgekehrt, die Zahnspitze liegt gerade noch an der Innenwand an.

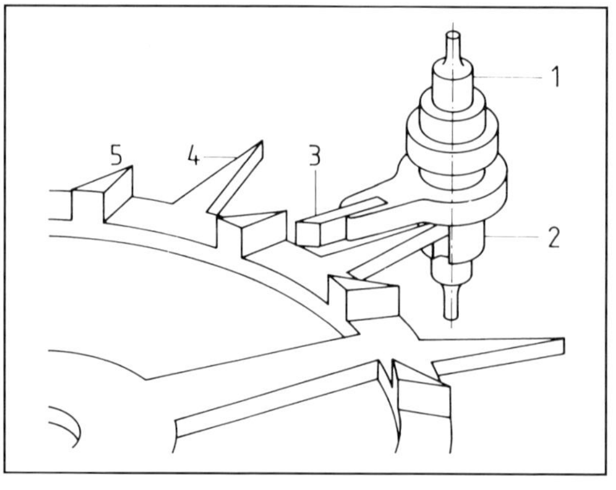

4.8 Duplexhemmung:
1 Unruhwelle, 2 Rubinrolle, 3 Hebelstein,
4 Ruhezahn, 5 Stoßzahn

- Bei f bewirkt die Hebefläche über die Ausgangslippe einen Antrieb der Unruh, und bei g ist ein weiterer Zahn auf die Zylinderaußenwand gefallen.
- Nachdem die Unruh bei h den Ergänzungsbogen zurückgelegt und ihre Bewegungsrichtung umgekehrt hat, kann sich das Spiel wiederholen. Damit dies sicher abläuft, hat die Unruh einen Prellstift, der ein Überschwingen und „Verhaken" verhindern soll.

Duplexhemmung

Die früher ebenfalls in Taschenuhren angewendete Duplexhemmung wurde um 1730 von Baptiste Dutertre und nach anderen Quellen 1758 von Pierre Le Roy erfunden. Sie hat ihren Namen von dem doppelten Zahnsatz auf dem Hemmungsrad.

Die Aufgaben der Ruhe und der Hebung sind hier auf Zähne verschiedener Form verteilt. In der Ruhe liegen die langen Ruhezähne (4 in Abb. 4.8) auf der zylindrischen Ruhefläche der normalerweise aus Stein gefertigten Rolle 2. Dabei wird die Bewegung der Unruh nur durch ein sehr geringes Reibungsmoment behindert, weil der Rollenradius bemerkenswert klein ist. Zur Übertragung des Antriebsimpulses steht den Stoßzähnen 5 dagegen der vergleichsweise lange Hebelarm des Antriebs- oder Hebelsteins 3 zur Verfügung.

- In Abbildung 4.9 führt die Unruh einen Linksschwung aus.
- Bei a liegt der Ruhezahn an der Rolle an, das Hemmungsrad ist also in Ruhe. Nachdem sich die Unruh um einen geringen Winkel weiter bewegt hat, wird der Zahn in die Rinne der Rolle eintreten und der Unruhbewegung folgend eine kleine Drehung des Hemmungsrades zulassen.
- Bei b ist der Zahn gerade dabei, die Rinne wieder zu verlassen. Das Hemmungsrad ist nun

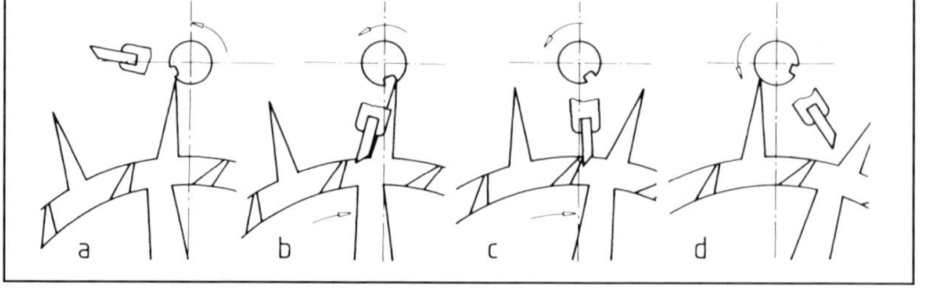

4.9 Spiel der Hemmung in vier Bewegungsphasen

frei, und einer der Stoßzähne wird sogleich auf den Hebelstein fallen.

- Dies ist bei c geschehen, und die Unruh erhält vom Hemmungsrad her den nötigen Antrieb. Bei d schließlich schwingt die Unruh durch die Reibung beeinflusst den Ergänzungsbogen.
- Beim Zurückschwingen der Unruh bleibt das Hemmungsrad in der Stellung d. Der Hebelstein bleibt jetzt wirkungslos und erfährt keinen Impuls, weshalb man diese Halbschwingung als tot bezeichnet.

Nur in dem Augenblick, in dem der Ruhestein über die Rinne hinweg geht, gibt es einen ganz kurzen Fall mit einer kaum merklichen Drehung des Gangrades, die durch eine ebenfalls geringfügige Rückführung sogleich wieder aufgehoben wird.

In den meisten tragbaren Uhren führt die Unruh vier oder fünf Halbschwingungen in der Sekunde aus, und entsprechend bewegt sich der Sekundenzeiger in Viertel- oder Fünftelsekundensprüngen. Bei der Duplexhemmung, die nur bei jeder zweiten Halbschwingung eine Hebung und somit eine Zeigerbewegung zulässt, wurden Schwingungszeiten von 1/4 Sekunde gewählt, sodass sich die Zeiger in Halbsekundenschritten bewegten.

Chinesische Duplexhemmung

Mit einer Variante der Duplexhemmung lassen sich auch Zeigerbewegungen in vollen Sekunden erreichen. Die Chinesen haben zwar bekanntlich das Pulver erfunden, aber nicht die nach ihnen benannte Hemmung. Sie hat ihren Namen vielmehr daher, dass mit ihr ausgestattete Uhren mit einem großen zentralen Sekundenzeiger in großen Mengen in der Schweiz für den Export nach China hergestellt wurden.

Das Hemmungsrad der chinesischen Duplexhemmung hat nur sechs Stoßzähne und zwölf Ruhezähne, die zu sechs Doppelzähnen zusammengefasst sind (Abb. 4.10). Nachdem einer der Stoßzähne eine Hebung ausgelöst hat, legt sich einer der Ruhezähne mit seiner rechten Spitze an die Rolle (ähnlich Abb. 4.9d). Dann folgt der erste tote Rückschwung, das Rad bleibt in Ruhe. Beim nun folgenden Vorwärtsschwung geht die erste Ruhezahnspitze durch die Rinne der Rolle. Das Gangrad führt dabei eine Drehung aus, die aber gering ist, weil sich die zweite Zahnspitze sogleich

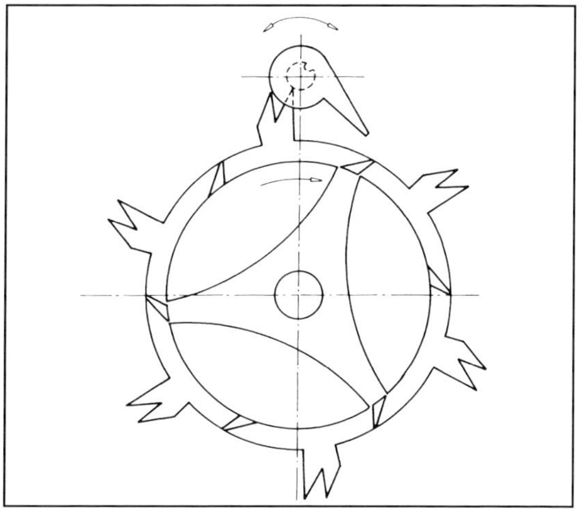

4.10 Chinesische Duplexhemmung

wieder an die Rolle anlegt. Bei diesem Vorwärtsschwung bleibt der Antriebshebel wirkungslos, da ihn der nächste Stoßzahn noch nicht erreichen kann. Jetzt folgt wieder ein totes Zurückschwingen. Erst beim zweiten Vorwärtsschwung wird das Rad freigegeben und dreht sich bis zum Anliegen des nächsten Ruhezahns mit seiner ersten Spitze. Der Stoßzahn trifft dabei auf den Antriebshebel und verleiht der Unruh den Antrieb.

Da der Abstand der beiden Ruhezahnspitzen nur 1/10 bis 1/12 der Zahnteilung beträgt, ist leicht einzusehen, dass die Zeigerbewegung beim ersten Vorwärtsschwingen der Unruh kaum auffällt. Die Unruh muss bei dieser Hemmung eine ziemlich große Masse haben, damit ihre kinetische Energie ausreicht, um drei antriebslose Halbschwingungen zu überbrücken.

Freie Hemmungen

Übersicht

In allen ruhenden Hemmungen gleiten während der Ruhe die Hemmungsteile unter Reibung aufeinander, wodurch Verschleiß verursacht und ein freies Spiel des Gangreglers verhindert wird. Dies erweist sich bei den tragbaren Uhren mit Unruhhemmungen wegen der dort nötigen großen Schwingungsamplituden als besonders störend. Eine völlig freie Hemmung kann es indessen nicht geben. Schließlich muss der Gangregler die Hemmung irgendwie beeinflussen, um seine Aufgabe zu erfüllen, und ebenso unvermeidlich ist es, dass von der Hemmung her Energie auf den Gangregler übertragen wird.

Beides geht nicht, ohne dass Kräfte auf die Unruh einwirken. Eine völlig uneingeschränkte Freiheit gibt es vielleicht nirgends, auf diesem Gebiet jedenfalls nicht.

Bei den verschiedenen Ankerhemmungen wird aber ein hohes Maß an Freiheit dadurch erreicht, dass die Unruh, während sie im Ergänzungsbogen schwingt, überhaupt keine Verbindung mit der Hemmung hat, sodass sie dann wirklich frei schwingt. Lediglich die Zapfenreibung, der Luftwiderstand und die innere Reibung der Spiralfeder können den Gang der Unruh noch beeinflussen.

Nach der Form der Gangradzähne und der Ankerpaletten werden drei Ausführungsformen der Ankerhemmungen unterschieden:

- der englische Spitzzahnankergang,
- der Schweizer Palettenankergang und
- der Stiftankergang.

Englische Ankerhemmung

Das hervorstechende Merkmal dieser von Thomas Mudge (1715–1794) erfundenen Hemmung sind die spitzen Ankerradzähne. Die Hebeflächen liegen hier vollständig auf den Ankerpaletten.

In Abbildung 4.11 ist gerade ein Gangradzahn auf die Ruhefläche der Eingangspalette gefallen. Die Unruhwelle bewegt sich nach rechts und mit ihr die Hebelrolle 4 mit dem auf ihr befestigten Hebelstein 5, der gerade aus dem Einschnitt der Gabel 3 austritt, sodass die Unruh den Ergänzungsbogen schwingen kann. Damit der Sicherheitsstift 6 dabei nicht am Umfang der Rolle streift und Reibung verursacht, müssen sich der Anker und die mit ihm verbundene Gabel noch um einen kleinen Winkel bis zum Anschlag an den unteren Begrenzungsstift 7 weiter drehen.

Diesem Zweck dient der Anzugswinkel α (Abb. 4.12) zwischen der Ruhefläche der Ankerpalette und der Senkrechten auf der Tangente zum Berührungsradius. Dieser Winkel bewirkt, dass die Wirkungslinie der vom Zahn auf den Anker wirkenden Kraft nicht durch den Ankermittelpunkt geht und somit ein Drehmoment hervorruft. Der Anzugswinkel muss auf jeden Fall größer sein als der Reibungswinkel.

Dieser ist, anschaulich gesprochen, der Winkel, um den man eine Ebene gegen die Horizontale neigen muss, damit ein darauf liegender Körper ins Rutschen gerät. Ist der Neigungswinkel zu klein, so hat die Gewichtskraft zwar eine Komponente in der Richtung der Ebene, aber sie ist zu klein, um die Haftreibung zu überwinden.

Mit dem Anzugswinkel verhält es sich ganz entsprechend. Ist er kleiner als der Reibungswinkel, so wird die tangentiale Komponente der auf den Anker übertragenen Kraft von der Reibung kompensiert, sodass keine Ankerdrehung entstehen kann. Der Reibungswinkel beträgt für die hier in Frage kommende Werkstoffpaarung Stahl-Rubin etwa 9°, übliche Werte für den Anzugswinkel sind an der Eingangspalette 12° und an der Ausgangspalette 13,5°. Dass die Paletten aus Rubin bestehen, ist in Abbildung 4.11 gut zu sehen. Die Steine sind in Schlitze parallel zur Ebene des Ankers eingelassen.

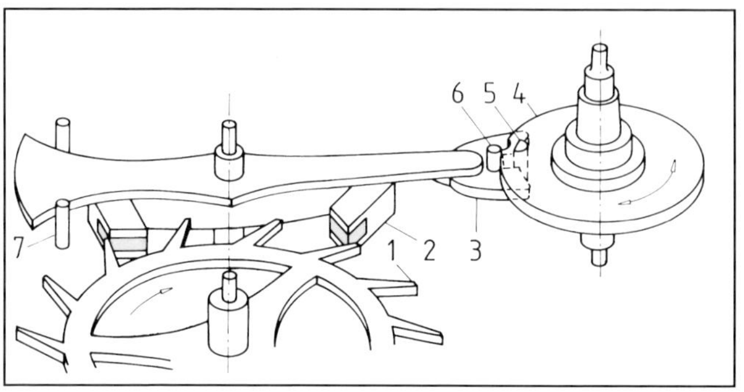

4.11 Englische Ankerhemmung:
1 Gangrad mit spitzen Zähnen, 2 Anker mit Rubinpaletten, 3 Gabel, 4 Hebelrolle, 5 Ellipse (Hebelstein), 6 Sicherheitsstift, 7 Begrenzungsstifte

Während die Unruh den Ergänzungsbogen schwingt, ist die Ellipse, wie der Hebelstein auch genannt wird, obgleich sein Querschnitt eher an den Buchstaben D erinnert, vom Gabelausschnitt entfernt. Der Anker kann deshalb leicht auf die verkehrte Seite überschlagen, wenn der Anzug ihn nicht halten sollte, was durch irgendeine Erschütterung leicht geschehen kann. Dann findet die zurückschwingende Ellipse nicht mehr in den Gabeleinschnitt, sie ist ausgeschwungen. Dies zu verhindern ist die Aufgabe des schon erwähnten Sicherheitsstifts, der sich in einem solchen Fall an den Umfang der Hebelrolle, die hier zugleich Sicherheitsrolle ist, anlegt, während er normalerweise zu ihr einen gewissen Abstand hat.

Beim Zurückschwingen der Unruh (nach links) wird die Ellipse erneut in den Gabeleinschnitt eintreten und den Anker mitnehmen. Dadurch kann sich das Gangrad, das bisher in Ruhe war, weiter drehen, und einer der Zähne gleitet über die Hebefläche der Ankerpalette und verleiht so der Unruh ihren Antrieb. Wenn der Zahn die Hebefläche verlässt, dreht sich das Gangrad um ein kleines Stück frei, bis ein anderer Zahn auf die Ausgangspalette fällt. Mit dieser wiederholt sich dann das Spiel der Hemmung wie beschrieben.

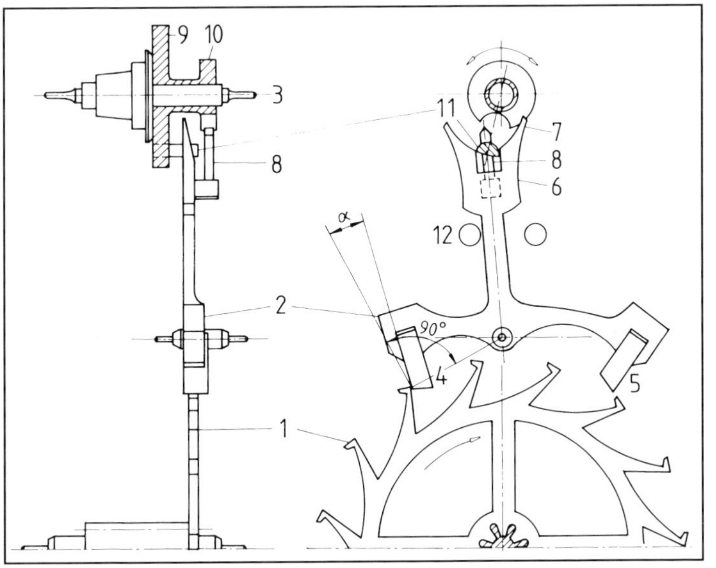

4.12 Schweizer Ankerhemmung:
1 Gangrad mit Kolbenzähnen, 2 Anker, 3 Unruhwelle, 4 Eingangspalette, 5 Ausgangspalette, 6 Gabelkopf, 7 Gabelhörner, 8 Sicherheitsmesser, 9 Hebelrolle, 10 Sicherheitsrolle, 11 Hebelstein (Ellipse), 12 Begrenzungsstifte

Schweizer Ankerhemmung

Diese Version hat gegenüber der englischen einige Vorteile, sodass sie diese vollständig verdrängt hat. Hier und ebenso bei einer Variante, der Glashütter Ankerhemmung, ist die Hebefläche auf den Radzahn und die Ankerpalette verteilt, sodass die Radzähne eine kolbenartige Form bekommen (Abb. 4.12).

Die Hebung entsteht zunächst durch das Gleiten der vorderen Kante des Radzahns über die Hebefläche der Ankerpalette und daran anschließend durch das Gleiten der Hebefläche des Radzahns über die hintere Kante der Palette. Beide Hebeflächen dürfen sich nicht vollflächig berühren, weil sonst so große Adhäsionskräfte entstehen würden, dass sie die Uhr zum Stehen brächten.

Auch in der Sicherheitseinrichtung bestehen einige Unterschiede zur englischen Ankerhemmung. Zunächst sind die Aufgaben getrennt, und es gibt eine größere Hebelrolle, auch Hebelscheibe oder Plateau genannt, die den Hebelstein (Ellipse) trägt, und eine kleinere Sicherheitsrolle, gegen deren Umfang sich zur Verhinderung des Ausschwingens das Sicherheitsmesser anlegen kann, das hier an die Stelle des Sicherheitsstiftes tritt. Damit der Anker während der Hebung durch den Nullpunkt gehen kann, muss die Sicherheitsrolle einen Ausschnitt haben, und so lange dieser im Wirkungsbereich des Sicherheitsmessers liegt, wäre keine Sicherheitsfunktion gegeben, wenn die Gabelhörner diese Aufgabe nicht übernehmen würden. Diese können sich nämlich gegen die flachere Seite der Ellipse anlegen und so gegebenenfalls ein Ausschwingen verhüten.

Abbildung 4.13 erläutert die Funktion der Hemmung.

- Bei a ist gerade ein Radzahn auf die Ruhefläche der Eingangspalette gefallen, und die Ellipse verlässt den Gabeleinschnitt.
- Bei b hat der Anzug den Anker noch um ein geringes Stück weiter bis zum Anschlag an den linken Begrenzungsstift bewegt. Die Ellipse verlässt gerade den Bereich des Gabelhorns, und das Sicherheitsmesser übernimmt die Sicherheitsfunktion.
- Bei c hat die Unruh den Umkehrpunkt erreicht und schwingt wieder zurück. Seit der Situation b haben sich weder Anker noch Gangrad bewegt, und es gibt keine Beeinflussung der frei schwingenden Unruh durch das Hemmungssystem.

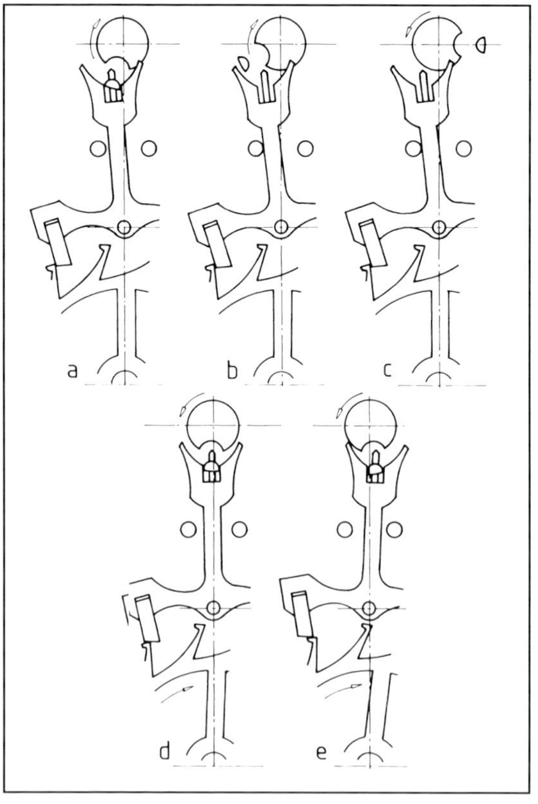

4.13 Spiel der Hemmung in fünf Bewegungsphasen

- Bei d ist die Ellipse in den Gabeleinschnitt eingetreten und hat den Anker ausgelöst. Er wird gehoben, weil die vordere Kante des Radzahns über die Hebefläche der Eingangspalette weggleitet. Das Gangrad dreht sich dabei um etwa 6°, das Sicherheitsmesser geht durch den Ausschnitt der Sicherheitsrolle, eine Sicherung ist aber auch nicht nötig, da ja der Anker von der Ellipse zwangsweise geführt wird.
- Bei e schließlich wird die Hebung fortgesetzt, indem die Kante der Palette über die Hebefläche am Radzahn gleitet.

Sobald dieser Vorgang nach einer weiteren Drehung des Gangrades um 4° beendet sein wird, dreht sich das Gangrad um etwa 2° (den Fall) frei weiter, bis ein anderer Zahn auf die Ruhefläche der Ausgangspalette fällt, mit der sich dann das ganze Spiel wiederholt.

Stiftankerhemmung

In dieser weniger qualitätvollen Variante sind die Paletten durch im Querschnitt runde Stahlstifte ersetzt. Da die Hemmung preiswert herzustellen ist, hat sie verbreitete Anwendung in Weckern und einfachen Taschenuhren, mitunter auch in Armbanduhren gefunden.

Die Hebung entsteht hier zu einem geringen Teil durch das Gleiten der vorderen Radzahnkante über die Rundung des Ankerstiftes, zum größeren Teil aber dadurch, dass der Stift über die Hebefläche des Zahns gleitet. Somit ist die Hebung fast ganz auf den Radzahn verlegt. Ruhefläche ist die vordere Zahnflanke, die um den Anzugswinkel unterschnitten ist.

Die Begrenzung der Ankerbewegung ist durch das Anschlagen der Ankerstifte auf den Zahngrund gegeben; die Begrenzungsstifte können entfallen.

Bei einer Roskopf-Taschenuhr (Abb. 4.14), so benannt nach dem Schweizer Fabrikanten Georg Friedrich Roskopf (1813–1889), ist die Sicherheitseinrichtung mit dem Sicherheitsmesser und den Gabelhörnern in Aussehen und Funktion ganz ähnlich wie bei der Schweizer Palettenhemmung. Die Hebelrolle mit der Ellipse ist aber durch einen Hebelfinger aus Stahl ersetzt.

In den für Weckeruhren verwendeten Stiftankerhemmungen (Abb. 4.15) wird die Funktion des Hebelsteins von einem Stahlstift übernommen. Der Sicherung dienen oft die Spitzen der Gabelhörner zusammen mit der Unruhwelle, die also hier eine Sicherungsrolle mit besonders kleinem Durchmesser bildet. Damit die Sicherung bei zu großen Unruhausschlägen nicht dadurch verloren geht, dass die Hornspitze in den Bereich des Welleneinschnitts gerät, ist der Ausschlag durch die Prellhörner begrenzt.

In diesen Zusammenhang gehört auch der Schwebeankergang, der für Tischuhren und andere ortsfeste Uhren verwendet wird (Abb. 4.16). Der Name kommt nicht etwa daher, dass der Anker frei in der Luft schwebt (s. die Bem. zu Abb. 1.3), schwebend ist schon eher die Unruh. Hier wird nämlich eine sonst normale Stiftankerhemmung von einer großen, um eine senkrechte Achse schwingenden Unruh zusammen mit einer Wendelfeder gesteuert. Trotz ihrer charakteristischen, gegensinnig gewendelten Form wird diese Feder oft fälschlich als „zylindrische Spirale" bezeichnet. Sprachlich korrekt ist eine Spirale eine ebene Kurve, während die räumlich gekrümmte Linie, um die es hier geht, Wendel heißt, wie in dem Wort

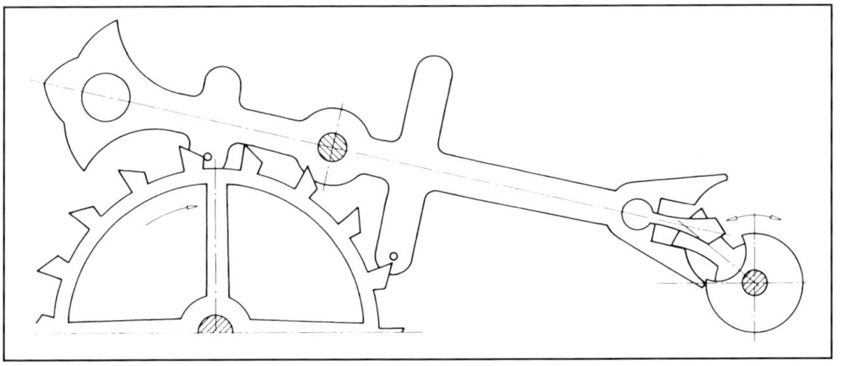

4.14 Stiftankerhemmung einer Roskopf-Taschenuhr

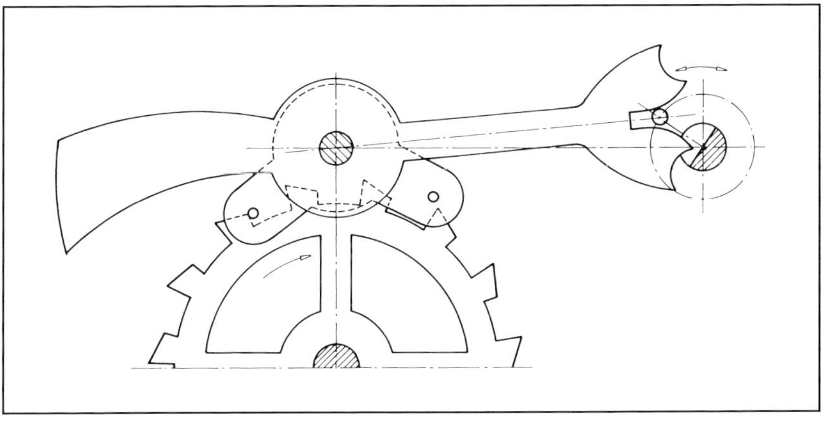

4.15 Stiftankerhemmung eines Weckers

„Wendeltreppe", die ja auch niemand Spiraltreppe nennt. Die Feder ist oben am Unruhträger und unten an dem Führungsrohr befestigt, auf dem die Unruh sitzt. Diese „schwebt" somit von ihrer Feder getragen. Lediglich zur Zentrierung läuft durch das Rohrinnere ein feiner Draht aus korrosionsfestem Stahl. Manchmal wird auch eine Entlastung durch zwei gleichpolige Magnete benutzt.

Das Schwingsystem kann hier nicht wie bei einer Taschenuhr durch Verändern der wirksamen Federlänge abgeglichen werden. Statt dessen sind auf der Unruh zwei Abgleichmassen vorhanden, die durch Verdrehen eines Hebels nach außen oder innen verschoben werden, indem je eine Feder die Massen gegen eine spiralige Führungsbahn drückt.

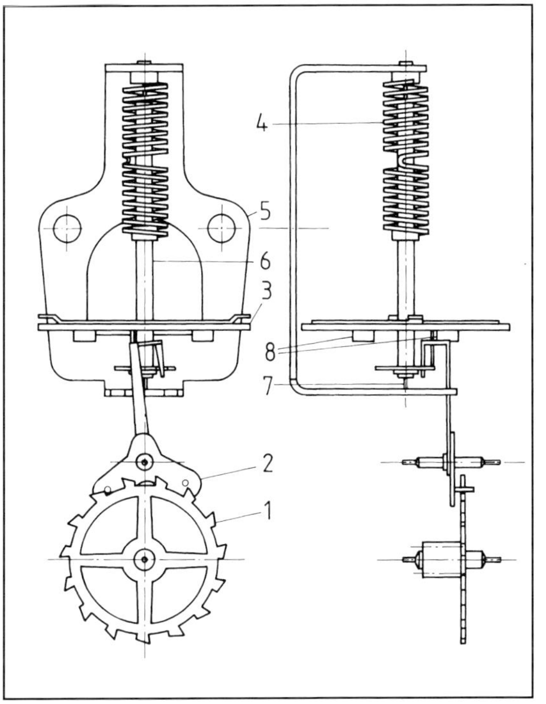

4.16 Schwebeankergang
1 Gangrad, 2 Anker, 3 Unruh, 4 Wendelfeder, 5 Unruhträger, 6 Führungsrohr, 7 Stahldraht, 8 Abgleichmassen

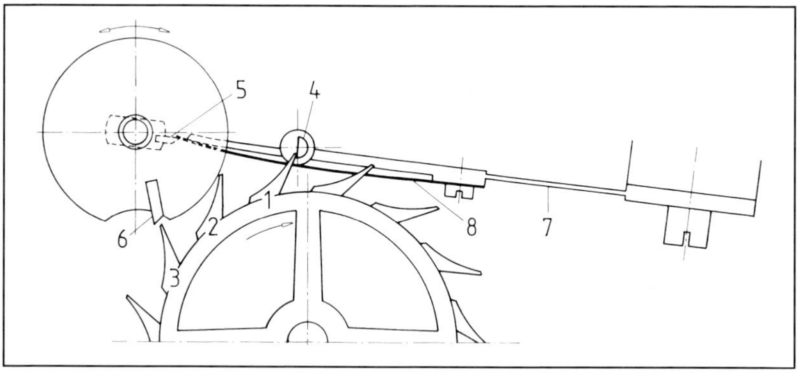

4.17 Chronometerhemmung
1, 2, 3 Gangradzähne, 4 Ruhestein, 5 Auslösestein, 6 Antriebsstein, 7 Gangfeder, 8 Auslösefeder (Goldfeder)

Chronometerhemmung

Was den Grad der Freiheit angeht, wird die Ankerhemmung von der Chronometerhemmung noch übertroffen. Sie wird daher in Marinechronometern, die sehr genau gehen müssen, eingesetzt. Im Gegensatz zu Taschenuhren sind diese Chronometer durch ihre kardanische Aufhängung vor Erschütterungen und Stößen geschützt, sodass die Nachteile dieser Hemmung, die sie für tragbare Uhren weniger geeignet macht, sich dort nicht auswirken können. In Taschenuhren sind Chronometerhemmungen wegen dieser Nachteile selten.

Abbildung 4.17 zeigt die Teile der Hemmung, wie sie von Pierre Le Roy (1717–1785) um 1763 erfunden und von Earnshaw (1749–1829) und Arnold um 1782 verbessert wurde. Sie hat drei Paletten oder Steine, den Ruhestein 4, den Auslösestein 5 und den Antriebsstein 6. Der Ruhestein liegt in einer Fassung, die bei anderen Ausführungen auf einer Wippe, hier aber auf der Verlängerung der Gangfeder 7 liegt. Eine zweite schwächere, aus Gold bestehende Feder 8 liegt unterhalb der Steinfassung und ist mit der Gangfeder verschraubt. Auslöse- und Antriebsstein sind in zwei Scheiben auf der Unruhwelle eingesetzt. Die kleine Scheibe für den Auslösestein ist beliebig geformt, die große für den Antriebsstein dagegen muss kreisrund sein mit einem Ausschnitt für den Durchgang der Gangradzähne. Während bei der Ankerhemmung die Auslösung und die Hebung am gleichen Gangradzahn wirken, sind es hier verschiedene (1 und 3), das Gangrad muss deshalb mit besonders großer Genauigkeit gefertigt sein.

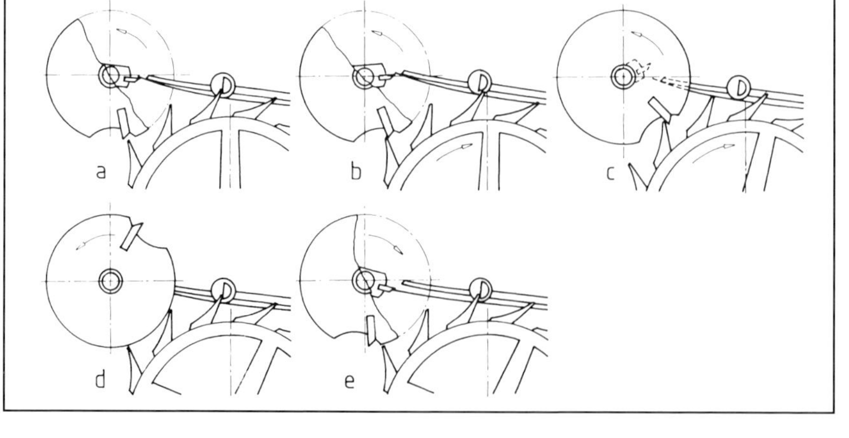

4.18 Hemmungsspiel in fünf Bewegungsphasen

Abbildung 4.18a zeigt noch einmal die gleiche Situation wie die vorige Zeichnung. Beim Linksschwung der Unruh hat der Auslösestein gerade Kontakt mit der Goldfeder bekommen. Bei b wird diese und mit ihr die Gangfeder vom Auslösestein gehoben, wodurch der bis dahin vom Ruhestein gehaltene Radzahn 1 (Abb. 4.17) ausgelöst wurde. Das Gangrad hat sich in Bewegung gesetzt, und dadurch ist der Zahn 3 auf den Antriebsstein gefallen. Bei c findet die Hebung statt. Zahn 3 überträgt durch seine Zahnkraft Energie auf die Unruh. Die Goldfeder ist inzwischen wieder vom Auslösestein abgefallen, und so ist auch die Gangfeder in ihre Ausgangslage zurückgekehrt, wobei sie sich gegen einen nicht mitgezeichneten Anschlag angelegt hat. Der Ruhestein ist nun bereit, das Gangrad wieder anzuhalten, sobald Zahn 2 auf ihn auffällt, was bei d geschehen ist. Ohne jede Behinderung schwingt hier die Unruh den Ergänzungsbogen. Die nach rechts zurückkehrende Unruh lässt bei e den Auslösestein die Goldfeder heben, ohne sonst irgendetwas zu bewirken, denn diesmal kann die Gangfeder nicht mitgenommen werden. Erst beim nächsten Linksschwung wiederholt sich der Vorgang bei a.

Die Freiheit der Unruhschwingung ist hier deshalb besonders groß, weil eine Hebung nur bei jeder zweiten Halbschwingung stattfindet. Auch ist der Winkel, auf dem die Unruh Kontakt mit den Teilen der Hemmung hat, im Vergleich zur gesamten Amplitude klein. In anderer Beziehung hat die Chronometerhemmung aber durchaus Nachteile gegenüber der Ankerhemmung, die sie für den Einsatz in einer Taschenuhr weniger geeignet machen. So kann die Uhr, wenn sie abgelaufen und wieder aufgezogen ist, nicht von selbst anlaufen, sondern muss angeschwungen werden. Ein Stoß im ungünstigen Augenblick in einer bestimmten Richtung kann sie auch zum Stehen bringen. Schließlich können Erschütterungen der Uhr die Amplitude der Unruh so groß werden lassen, dass bei einer Halbschwingung gleich zwei Gangradzähne ausgelöst werden. Die Uhr geht dann doppelt so schnell wie sie soll, was als Galoppieren bezeichnet wird.

Freie Pendelhemmungen

Während freie Hemmungen in Taschen- und Armbanduhren in der Form der Palettenankerhemmungen eine ganz alltägliche Sache darstellen, sind freie Hemmungen in Pendeluhren selten. Das liegt natürlich daran, dass bereits mit ruhenden Hemmungen genügend gute Gangergebnisse erreicht werden. In Präzisionsuhren für die wissenschaftliche Zeitmessung hat man indessen mit Erfolg versucht, auch kleinste Fehlerquellen noch zu vermindern, und so sind die freien Pendelhemmungen entstanden, die sich in Federkraft- und Schwerkrafthemmungen gliedern lassen. Ihre gemeinsamen Merkmale sind die extrem geringe Beeinflussung des frei schwingenden, den Gang regelnden Pendels, und dessen vom Räderwerk unabhängiger Antrieb.

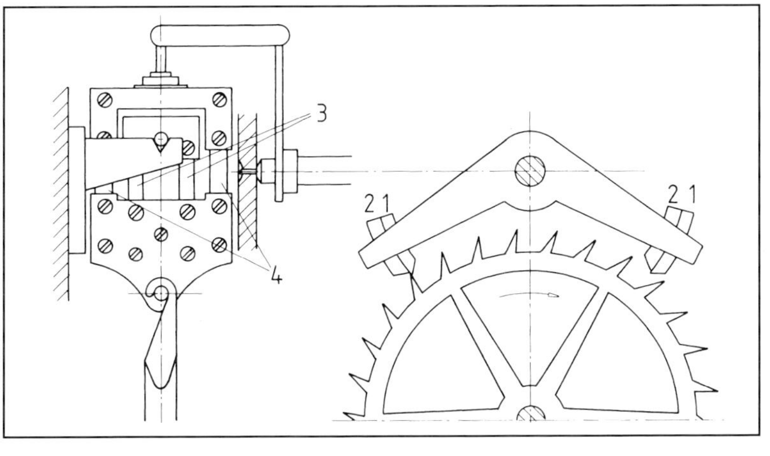

4.19 Federkrafthemmung nach Strasser (Prinzip):
1 Ankerpalette für die Ruhe, 2 Ankerpalette für die Hebung, 3 Tragfedern, 4 Antriebsfeder

Als Beispiel zeigt Abbildung 4.19 eine Prinzipdarstellung der Federkrafthemmung von Ludwig Strasser. Es fällt zunächst die Ähnlichkeit mit der Graham-Hemmung auf, doch sind hier doppelte Ankerpaletten für die Ruhe 1 und für die Hebung 2 vorgesehen. Das Pendel ist in der üblichen Art durch die beiden Tragfedern 3 aufgehängt. Es gibt jedoch keine Ankergabel, durch welche die Ankerbewegung zwangsläufig auf das Pendel übertragen würde. Stattdessen wird ein Drehmoment vom Anker auf das Pendel über die beiden Antriebsfedern 4 ausgeübt, deren obere Einspannstelle über einen Hebel mit dem Anker in Verbindung steht. Die Antriebsfedern werden während der Hebung des Ankers gespannt und teilen dem Pendel die nötige Antriebsenergie zu.

Umgekehrt erfährt auch der Anker über diese Federn die nötige Kraft für die Auslösung. Der Pendelantrieb ist somit vom Räderwerk der Uhr getrennt und wird von der Hemmung selbst besorgt. Auch die Tragfedern werden während der Pendelschwingung periodisch gespannt und entlastet. Sie leisten aber keinen Beitrag für den Antrieb des Pendels, weil ihre Biegung praktisch die gleiche Arbeit erfordert, die beim Zurückbiegen wieder frei wird.

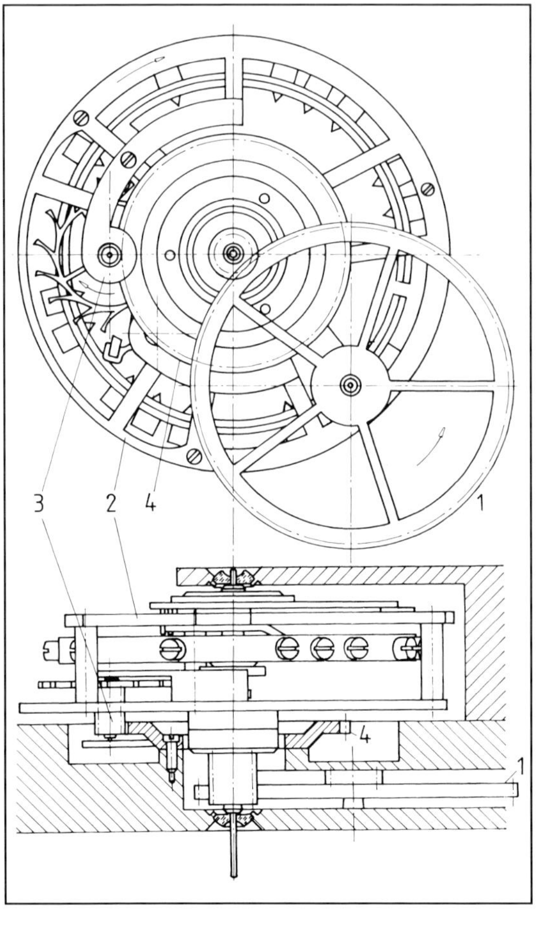

Tourbillons

In tragbaren Uhren können Gangabweichungen auftreten, die sich mit der Lage der Uhr verändern. Der Grund dafür ist im Wesentlichen in der Unwucht des Schwingsystems (Schwerpunktfehler) zu suchen. Durch eine Erfindung von Abraham Louis Breguet (1747–1823) werden derartige Störungen auf elegante Weise ausgeglichen, falls die Uhr, wie es bei einer Taschenuhr die Regel ist, immer in senkrechter Lage, sonst aber beliebig, also mit dem Bügel nach oben, zur Seite oder nach unten getragen wird.

Abbildung 4.20 erläutert das Prinzip. Über das Kleinbodenrad 1 wird mittels eines Triebes ein Drehgestell – Tourbillon oder Laterne genannt – angetrieben, in dem die Hemmung untergebracht ist, und das sich in diesem Fall in einer Minute einmal dreht.

Das Gangrad ist im Drehgestell 2 gelagert und wälzt sich mit seinem Trieb 3 auf dem feststehenden Sekundenrad 4 ab. Während es wie ein Planet um die Sonne unter ständiger Drehung um das Sekundenrad kreist, dreht sich das ganze Hemmungssystem um den Mittelpunkt des Tourbillons, der zugleich die Mitte der Unruh bildet. Etwaige Lagenfehler werden somit innerhalb einer Minute automatisch ausgeglichen, da der Schwerpunktfehler des Schwingsystems ständig in unterschiedliche Richtungen wirkt und damit kompensiert wird.

Wie bei allen beweglichen Teilen einer Uhr (Ausnahmen: Unruhreif, Pendellinse) muss die Masse bzw. das Trägheitsmoment des Tourbillons möglichst klein gehalten werden, da es ja von der Hemmung immer wieder angehalten wird und danach erneut beschleunigt werden muss. Das Drehgestell hat daher keine schweren Platinen, sondern ist zart skelettiert.

4.20 Tourbillon von der Seite und von unten gesehen: 1 Kleinbodenrad, 2 Drehgestell, 3 Hemmradtrieb, 4 Sekundenrad

Außer Ein-Minuten-Tourbillons gibt es andere mit Umlaufzeiten von etwa 5 Minuten, bei denen auch das Sekundenrad in die Laterne einbezogen ist, die um ein feststehendes Kleinbodenrad kreist. Weiterhin gibt es ähnliche Konstruktionen mit noch längeren Umlaufzeiten bis zu einer Stunde.

Als Hemmungen wurden bevorzugt Chronometerhemmungen, von späteren Uhrmachern aber auch freie Ankergänge eingebaut. Die Herstellung eines Tourbillons ist sehr aufwendig und die Uhr entsprechend teuer. Sicher ein Grund, es heute in Armbanduhren einzubauen.

Eine vereinfachte Abart ist die Karusselluhr. Bei ihr dreht sich das Gestell in längeren Umlaufzeiten, wobei meist Zeiten gewählt werden, die leicht unter einer Stunde liegen.

Zeiger- und Kalenderwerke

Das waren noch glückliche Zeiten,
als man nach dem Kalender lebte.
Jetzt lebt man nach der Uhr.
(S. Guitry)

Zeigerwerke

Zweck

Ein besonderes Zeigerwerk wäre an sich entbehrlich. Es müssten nur die Übersetzungsverhältnisse im Räderwerk so gewählt werden, dass eine Welle mit einer Umdrehung in 12 Stunden vorhanden ist, eine andere mit einer Umdrehung in der Stunde und gegebenenfalls noch eine, die sich einmal in der Minute dreht. Auf diese wären dann der Stunden-, Minuten- und Sekundenzeiger aufzusetzen.

Eine solche Konstruktion hätte aber den Nachteil, dass die übliche Anordnung beider oder sogar aller drei Zeiger in der Mitte des Zifferblattes nicht möglich wäre.

Deshalb ist in aller Regel ein eigenes Zeigerwerk vorgesehen, das nur durch Reibschluss mit dem Räderwerk verbunden ist. So können die Zeiger gleichzeitig und unabhängig vom Räderwerk gestellt werden. Nur mit dem Sekundenzeiger wird oft so verfahren wie oben beschrieben und auf eine Stellmöglichkeit verzichtet.

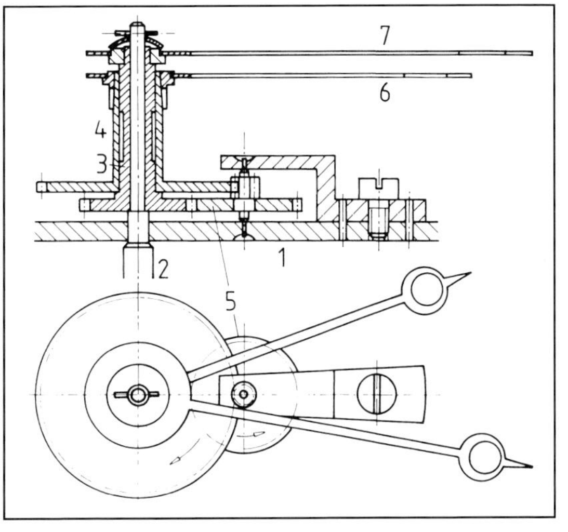

5.1 Zeigerwerk mit reibendem Viertelrohr
1 Werkplatine, 2 Minutenwelle, 3 Viertelrohr, 4 Stundenrohr mit Rad, 5 Wechselrad mit Wechselradtrieb, 6 Stundenzeiger, 7 Minutenzeiger

Großuhren

Die Abbildungen 5.1 bis 5.3 zeigen drei verschiedene Versionen von Zeigerwerken für Großuhren. Bei den ersten beiden kommt der Antrieb von der Minutenwelle, also einer Welle des Gehwerks, die mit der Geschwindigkeit des Minutenzeigers umläuft.

Im Fall der Abbildung 5.1 sitzt auf dieser reibend das Viertelrohr, dessen vierkantiges Ende den Minutenzeiger trägt. Auf dem Viertelrohr ist leicht laufend das Stundenrohr gelagert, auf das der Stundenzeiger mittels seiner geschlitzten Buchse aufgesteckt ist. Der Übersetzung im Verhältnis 1:12 dient das Wechselrad mit dem Wechselradtrieb.

Bei Abbildung 5.2 ist der Minutenzeiger mit seinem Vierkant direkt auf die Minutenwelle aufgesetzt. Die Reibungskupplung besteht hier darin, dass das Minutenrad des Gehwerks mittels einer Feder gegen einen Wellenabsatz gedrückt wird. So ist die Minutenwelle hier zugleich Zeigerwelle, und sie ist gegenüber dem Gehwerk verdrehbar, wird aber von diesem durch Reibung mitgenommen. Statt unter einem Kloben wie bei a sitzt das Wechselrad hier auf einem in die Werkplatine eingenieteten Anrichtstift und ist mittels eines Sprengrings gesichert.

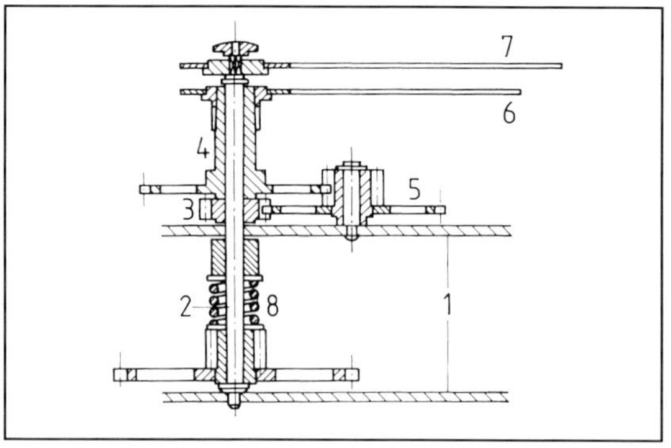

5.2 Zeigerwerk mit Reibkupplung auf der Minutenwelle
1 Werkplatine, 2 Minutenwelle, 3 Minutentrieb, 4 Stundenrohr mit -rad, 5 Wechselrad mit -trieb, 6 Stundenzeiger, 7 Minutenzeiger, 8 Friktionsfeder

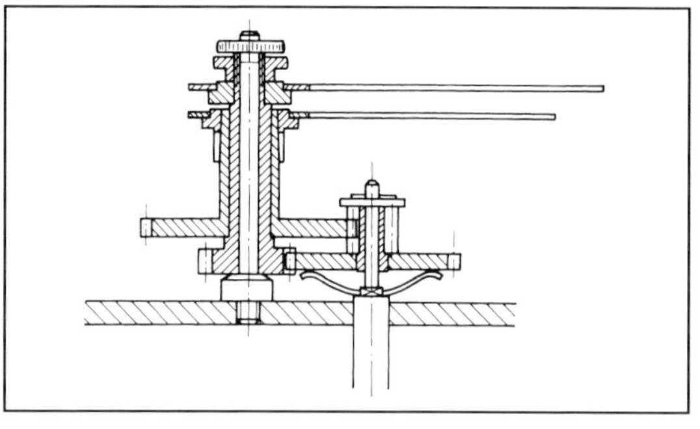

5.3 Zeigerwerk einer Schwarzwalduhr

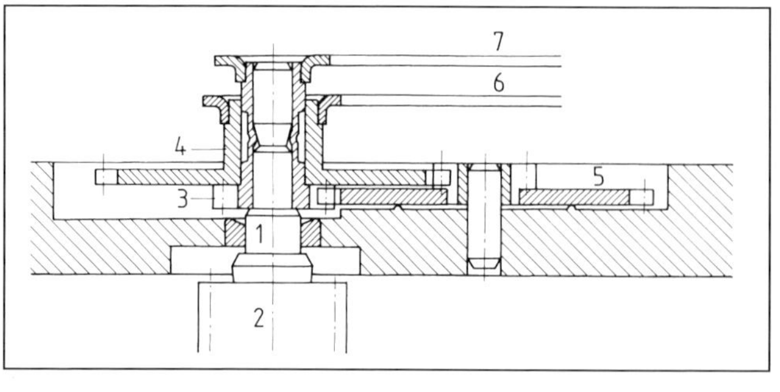

5.4 Taschenuhrzeigerwerk mit Reibschluss im Viertelrohr
1 Minutenwelle, 2 Minutentrieb, 3 Viertelrohr, 4 Stundenrohr mit -rad, 5 Wechselrad mit -trieb, 6 Stundenzeiger, 7 Minutenzeiger

Abbildung 5.3 zeigt eine Alternative, die für Schwarzwalduhren charakteristisch ist. Hier kommt der Antrieb vom Wechsel, der bei Eintageuhren auf der Antriebswelle, bei Achttageuhren auf der Zwischenradwelle sitzt. Um den Reibungsschluss zu erreichen, drückt eine Feder den Wechsel gegen eine Scheibe, die von einem Vorsteckstift gehalten wird. Das Viertel- und das Stundenrohr sind auf einem in der Platine verschraubten Viertelrohrträger gelagert.

Taschen- und Armbanduhren

Auch bei Kleinuhren gibt es verschiedene Konstruktionen. Bei Abbildung 5.4 kommt der Reibungsschluss dadurch zustande, dass das Viertelrohr an der Stelle mit der schwachen Wandstärke leicht eingebeult ist. Es drückt dadurch auf die Einkerbung in der Minutenwelle und stützt sich an deren Wellenabsatz ab.

Bei Abbildung 5.5 ist die Minutenwelle durchbohrt und sitzt reibend auf der Zeigerwelle. Das Viertelrohr und der Minutenzeiger sind fest auf die Zeigerwelle aufgepresst.

Abbildung 5.6 zeigt schließlich die Anordnung einer Roskopf-Taschenuhr, die eine gewisse Ähnlichkeit mit Abbildung 5.3 erkennen lässt. Hier ist der Wechsel 2 und 3 über den Wechselradträger 4 reibend mit dem Federhaus verbunden. Der Federkern dagegen ist in der Lagerbuchse 5 leicht laufend gelagert.

Sekundenzeiger

Bei Taschenuhren sind die Räderwerke meistens so gestaltet, dass es bei der »Sechs« eine Sekundenwelle gibt, auf deren verlängerten Lagerzapfen der Sekundenzeiger aufgesteckt wird. Für die Sekunde aus der Mitte, die bei Armbanduhren häufig anzutreffen ist, wird die Minutenwelle durchbohrt und in ihr die Sekundenwelle gelagert.

Eine Reihe unterschiedlicher Lösungen gibt es für ihren Antrieb, so kann die dazu vorgesehene Zahnradstufe im

Kraftfluss des Räderwerkes oder im Nebenfluss liegen. Für die letztere Möglichkeit gibt Abbildung 5.7 ein Beispiel. Hier wird das Sekundentrieb von einem auf die verlängerte Welle des Kleinbodenrades aufgesetzten Rad angetrieben. Das Zeigerwerk ist hier ganz ähnlich wie in Abbildung 5.4 aufgebaut.

Bei Groß- wie bei Kleinuhren wird es als nicht notwendig angesehen, die Sekundenzeiger, falls vorhanden, so wie die beiden anderen mittels einer Reibkupplung zu stellen, da man ja gegebenenfalls einfach die Hemmung anhalten kann. Damit man dazu nicht in das Werk eingreifen muss, haben Taschenuhren guter Qualität für das sekundengenaue Einstellen eine Einrichtung, welche die Hemmung so lange blockiert, wie die Aufzugkrone herausgezogen ist.

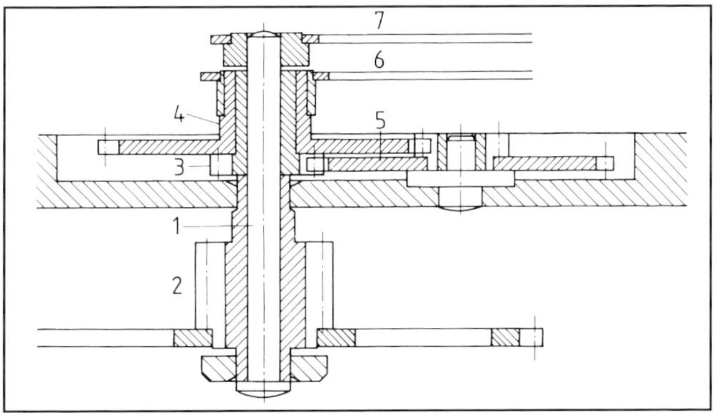

5.5 Taschenuhrzeigerwerk mit durchbohrter Minutenwelle
1 Zeigerwelle, 2 Minutentrieb, 3 Viertelrohr, 4 Stundenrohr mit Rad, 5 Wechselrad mit -trieb, 6 Stundenzeiger, 7 Minutenzeiger

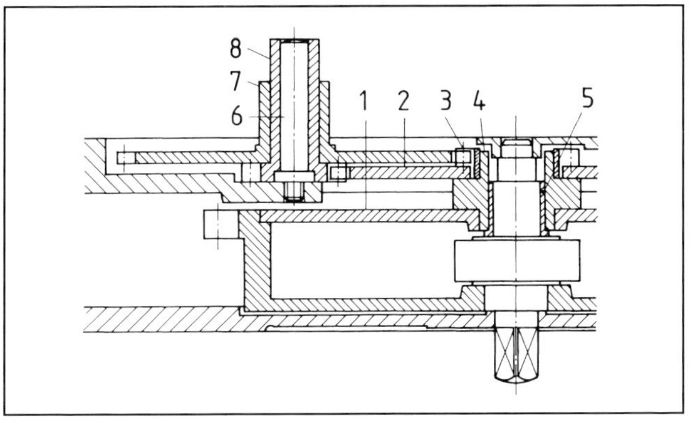

5.6 Zeigerwerk einer Roskopf-Taschenuhr
1 Federhaus, 2 Wechselrad, 3 Wechseltrieb,
4 Wechselradträger, 5 Lagerbuchse, 6 Viertelrohrträger,
7 Stundenrohr, 8 Viertelrohr

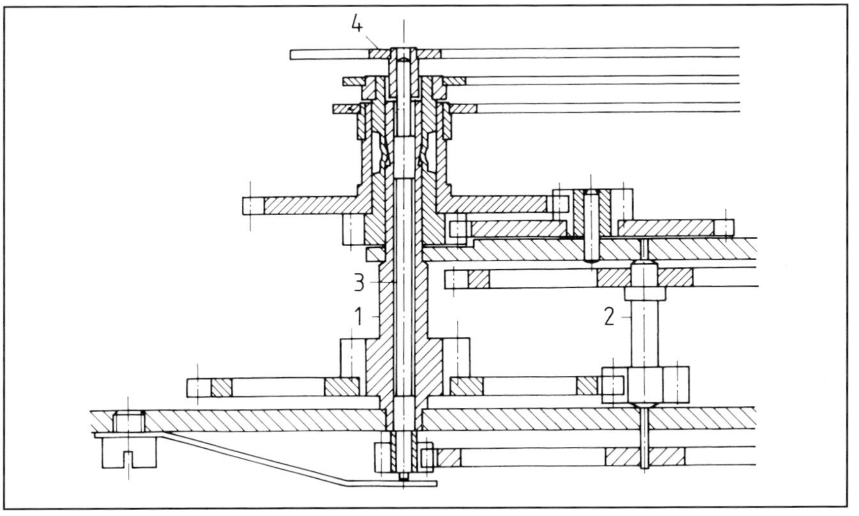

5.7 Zeigerwerk einer Armbanduhr mit zentralem Sekundenzeiger als Schleppzeigerkonstruktion
1 Minutenwelle,
2 Kleinbodenradtrieb,
3 Sekundenzeigerwelle,
4 Sekundenzeiger

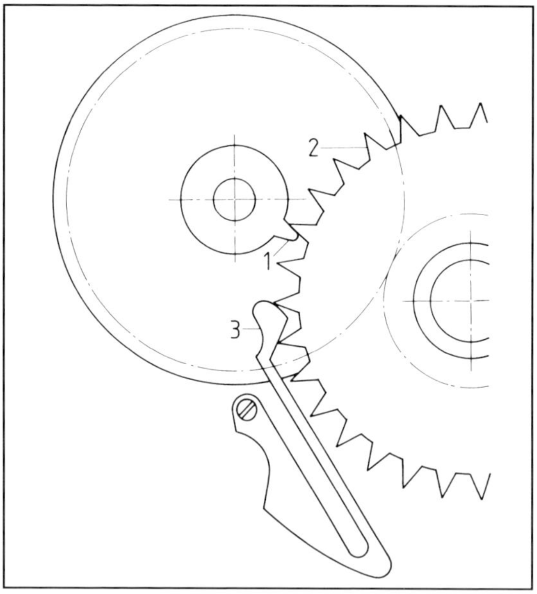

5.8 Kalenderschaltung für eine Armbanduhr
1 Schaltfinger, 2 Kalenderrad, 3 Feder

Kalender

Einfaches Kalenderwerk

Eine Kalenderschaltung, wie sie in dieser oder ähnlicher Form in vielen Armbanduhren anzutreffen ist, zeigt Abbildung 5.8. Der Finger 1 sitzt auf einem Rad, das vom Stundenrohr aus über ein Zahnradpaar mit der Untersetzung 1:2 angetrieben wird und demnach für eine Umdrehung 24 Stunden benötigt. Einmal am Tage, gegen Mitternacht, nimmt der Finger das Kalenderrad 2 um einen seiner 31 Zähne mit. Dieses trägt eine Scheibe mit den Zahlen 1 bis 31, von denen die jeweils gültige in einem Zifferblattausschnitt sichtbar ist. Die Feder 3 sichert das Kalenderrad gegen eine unkontrollierte Verdrehung und hält es einen Tag lang in der eingenommenen Stellung fest. In ähnlicher Weise werden Schaltungen verwirklicht, die zusätzlich die Namen der Wochentage und der Monate anzeigen.

Ewiger Kalender

Die Tatsache, dass die Monate nicht alle gleich lang sind, wird von der bisher beschriebenen Konstruktion nicht berücksichtigt. Am Ende der kurzen Monate muss das Kalenderrad einer Uhr in

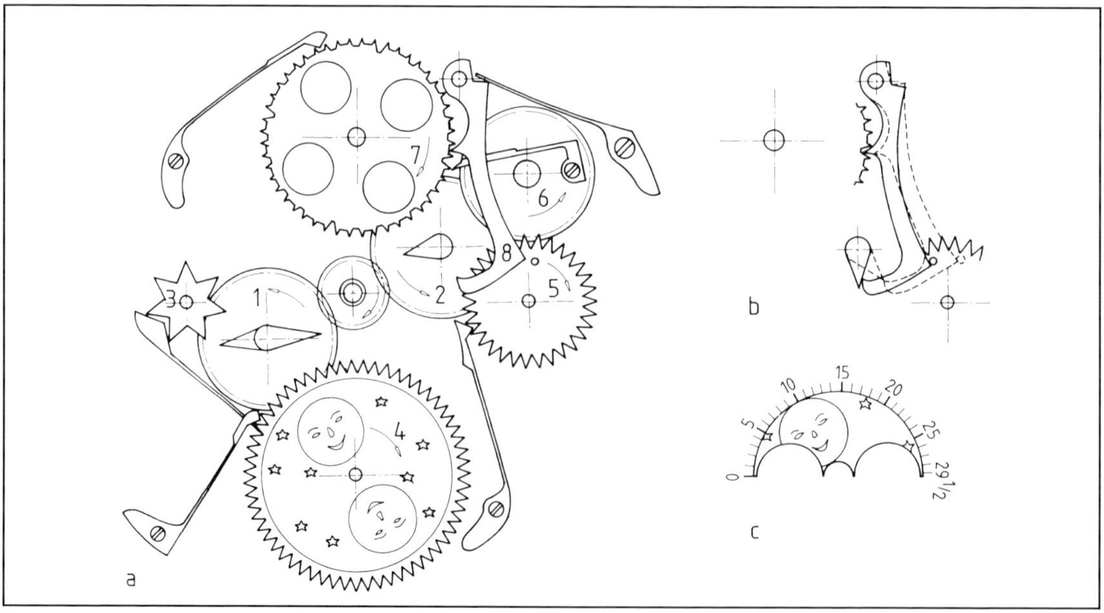

5.9 Kalenderwerk einer Taschenuhr mit ewigem Kalender und Mondindikation
1 und 2 Schalträder, 3 Wochenrad, 4 Mondscheibe, 5 Kalenderrad, 6 Wechselrad, 7 Vierjahresrad, 8 Hebel

der Art von Abbildung 5.8 durch Betätigen eines (nicht eingezeichneten) Drückers um einen Zahn und im Februar um mehrere Zähne weitergeschaltet werden, um die nicht vorhandenen Tage zu überspringen.

Diese geringe Mühe wird dem Besitzer einer Uhr mit ewigem Kalender erspart. Abbildung 5.9 zeigt eine solche Schaltung in Verbindung mit einer Mondphasendarstellung. Hier werden vom Stundenrohr aus zwei Schalträder 1 und 2 angetrieben, die beide in 24 Stunden einmal umlaufen. Das linke schaltet mit je einem Finger das siebenstrahlige Sternrad 3 für die Anzeige der Wochentage und das Mondscheibenrad 4 mit seinen 59 Zähnen. Das rechte Schaltrad bewegt täglich einmal das Kalenderrad 5, das sich mit seinen 31 Zähnen mithin einmal im Monat dreht. Die gleiche Umlaufzeit, aber in entgegengesetzter Richtung, hat auch das Wechselrad 6, das mit gleichfalls 31 Zähnen mit dem Kalenderrad in Eingriff ist. Dieses schaltet seinerseits einmal im Monat das Vierjahresrad 7 um einen Zahn weiter.

Das Vierjahresrad bildet in Verbindung mit dem Hebel 8 den Mechanismus zur Berücksichtigung der ungleichen Monatslängen. Die Zwischenräume zwischen den 48 Zähnen, die ebenso vielen Monaten im Vierjahreszyklus entsprechen, sind unterschiedlich tief eingeschnitten. Die geringste Tiefe entspricht den Monaten mit 31 Tagen und die etwas tiefere denen mit 30 Tagen. Die drei tiefsten Stufen gehören zu den 28 Tage langen Februarmonaten und eine nicht ganz so tiefe zum Februar im Schaltjahr.

In Abbildung 5.9a und b ist dargestellt, was in der Nacht vom 28. Februar auf den 1. März geschieht. Der Hebel 8, der die Stufen des Vierjahresrades abtastet, liegt schon den ganzen Februar über auf der tiefsten Stufe. Täglich, einige Stunden vor Mitternacht, wurde er von dem vorbeigehenden Schaltfinger auf Rad 2 angehoben. Nach dem Vorbeigang des Fingers ist der Hebel bisher, ohne irgendetwas zu bewirken, wieder in seine Ruhestellung zurückgefallen. Jetzt aber ist der auf dem Kalenderrad 5 angebrachte Stift in die in der Abbildung dargestellte Stellung gekommen.

Bei der Schwenkbewegung des Hebels wird deshalb das Kalenderrad mitgenommen und um drei Tage weitergeschaltet, sodass nunmehr der 31. Februar angezeigt wird. Aber kurz nachdem der Hebel vom Schaltfinger abgefallen ist, greift dieser, wie in jeder Nacht, in die Zahnung des Kalenderrades ein, beseitigt das sinnlose Datum und schaltet auf den 1. weiter. Zugleich wird über das Wechselrad auch das Vierjahresrad um einen Zahn bewegt. Damit ist das richtige Datum, der 1. März, erreicht. Der Hebel liegt nun auf der höchsten Stufe und gerät dadurch aus dem Wirkungsbereich des Schaltfingers heraus, sodass er nichts mehr ausrichten kann. Erst im April geschieht Ähnliches wie im Februar, da aber der Einschnitt auf dem Vierjahresrad weniger tief, der Hub des Hebels somit kleiner ist, wird am Monatsende nur ein Tag übersprungen.

Die beschriebene Kalenderschaltung wird als „ewig" bezeichnet, ohne es wirklich zu sein. Sie berücksichtigt nämlich nicht die Tatsache, dass seit der Gregorianischen Kalenderreform in den durch 100 teilbaren Jahren mit Ausnahme der durch 400 teilbaren kein Schalttag eingelegt wird. Falls der Besitzer es bis dahin niemals vergessen hat, seine Uhr regelmäßig aufzuziehen, und weiter vorausgesetzt, dass die Uhr so lange funktionsfähig bleibt, wird sie bis zum 28. Februar 2100 das richtige Datum anzeigen, wird dann aber auf den 29. Februar schalten, den es in diesem Jahr nicht geben wird.

Mondphase und Mondalter

Unser Mond hat eine Umlaufzeit von 27,32166 Tagen. Dieser siderische Monat ist aber nicht mit der Zeit zwischen zwei Neumonden, dem synodischen Monat, identisch, auf den es im Zusammenhang mit Uhren ankommt. Bekanntlich ist Neumond, wenn sich der Mond zwischen Sonne und Erde befindet, sodass er uns seine dunkle Seite zuwendet. Zwischen zwei solchen Ereignissen muss der Mond etwas mehr als einen Umlauf um die Erde vollenden, da ja die Erde selbst in dieser Zeit ungefähr 1/12 ihres Weges um die Sonne zurückgelegt hat. Die genaue Berechnung ergibt für den synodischen Monat eine Zeit von 29,53059 Tagen.

Als Mondalter wird die seit dem letzten Neumond vergangene Zeit bezeichnet. Sie auf einer Uhr zusammen mit dem Erscheinungsbild des Mondes anzuzeigen, ist sicher nur eine Spielerei. Früher, als zahlreiche bäuerliche Arbeiten nur bei bestimmten Mondstellungen angefangen wurden, mag es noch einen Sinn gehabt haben, ein Abbild des Mondes auf der Uhr zu haben. Vor allem aber war der Mond vor der allgemeinen Verbreitung der künstlichen Beleuchtung als nächtliche Lichtquelle unentbehrlich, und es war sicher von Wert, vor einer Verabredung durch einen Blick auf die Uhr prüfen zu können, ob man mit ausreichendem Mondlicht für den Heimweg rechnen konnte.

Mit einem Fehler von etwa 1 Promille begnügt man sich bei Uhren mit Mondindikation gewöhnlich mit einem Näherungswert von 29,5 Tagen statt des oben angegebenen Wertes für den synodischen Monat. In Abbildung 5.9 hat das Mondscheibenrad 2 · 29,5 = 59 Zähne. Es dreht sich also in zwei synodischen Monaten einmal um sich selbst, und dementsprechend sind zwei freundlich lächelnde Mondgesichter auf der Scheibe dargestellt, von denen immer nur eines im Zifferblattausschnitt erscheint und das Phasenbild des Mondes wiedergibt. Am äußeren Rand ist das Mondalter abzulesen (Abb. 5.9c, S. 56).

Chronographen

Zur Messung der Dauer eines Ereignisses ist eine Uhr mit großem Sekundenzeiger zweckmäßig, der sich mittels eines Drückers starten und wieder anhalten lässt. Wenn die Stoppuhr nur für diesen Zweck bestimmt ist, wird durch Blockieren der Hemmung das ganze Werk festgehalten bzw. freigegeben. Das geschieht zum Beispiel dadurch, dass sich ein Stift gegen den Umfang des Unruhreifs legt. Beim Starten der Stoppuhr wird dieser Stift in tangentialer Richtung abgehoben, sodass er der Unruh einen leichten Impuls versetzt und so verhindert, dass die Hemmung zufällig in einer neutralen Lage verharrt ohne anzulaufen.

Etwas aufwendiger ist die Schaltung, wenn die eigentliche Uhr vom Chronographen unabhängig weiterlaufen und ein normalerweise still stehender Sekundenzeiger nach Betätigung des Drückers anlaufen, bei erneutem Drücken aber wieder stillstehen soll. Abbildung 5.10, die einen solchen Mechanismus zeigt, ist von der dem Zifferblatt entgegengesetzten Seite gesehen. Das Mitnehmerrad 1 sitzt auf dem verlängerten Wellenzapfen des Sekundenrades und ist in ständigem Eingriff mit dem Kupplungsrad 2, das auf dem beweglichen Hebel) gelagert ist.

In Abbildung 5.10a ist die Vorrichtung noch in Ruhe, denn Rad 2 greift noch nicht in die Verzahnung des Chronographenrades 4 ein. Der mit 4 verbundene Sekundenzeiger steht somit still. Das Ingangsetzen, Stoppen und Rückstellen des

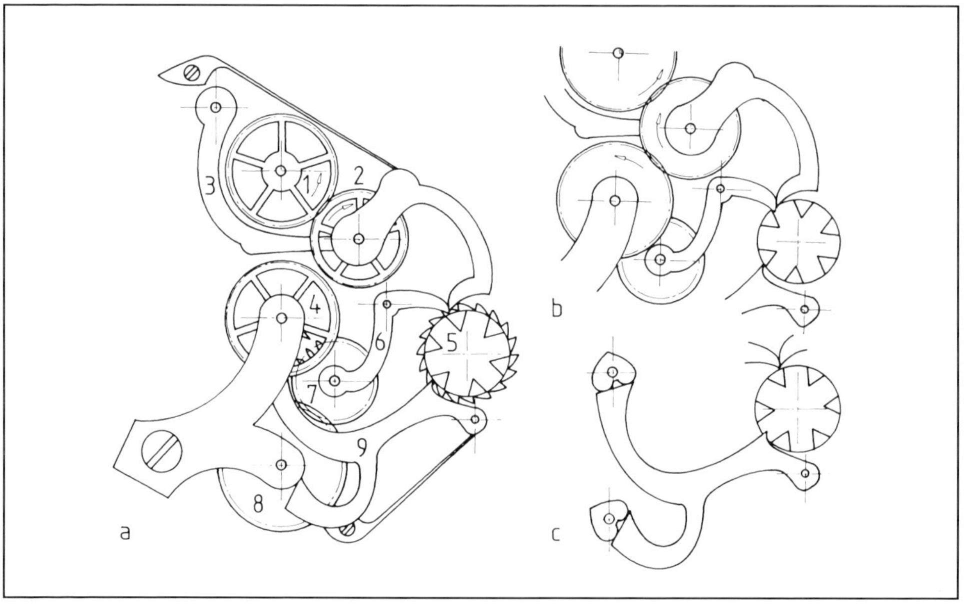

5.10 Chronographenschaltung mit Minutenzählung
1 Mitnehmerrad, 2 Kupplungsrad, 3 Kupplungshebel, 4 Chronographenrad, 5 Schaltrad mit Schaltsäulen, 6 Wechselradhebel, 7 Wechselrad, 8 Minutenzählerrad, 9 Nullstellhebel

Zeigers wird mit dem Schaltrad 5 betätigt, das seinerseits mittels eines nicht eingezeichneten Hebels vom Drücker her betätigt wird. Durch einmaliges Drücken wird das Rad um einen seiner Sperrradzähne weiter gedreht und gerät dadurch in die Situation von Abbildung 5.10b. Hier sind die Hebel 6 und 3 von einer der sechs aufrechtstehenden dreieckförmigen Säulen des Schaltrades abgefallen und haben sich soweit gedreht, dass das Kupplungsrad jetzt in das Chronographenrad eingreift und den Zeiger anlaufen lässt.

Zugleich ist auch das Wechselrad 7 in den Wirkungsbereich des auf 4 sitzenden Mitnehmerfingers geraten. Bei jedem Vorbeigang des Fingers, also jeweils nach einer Minute, wird das Wechselrad um einen seiner Zähne weiter geschaltet. Auf dem Rad 8, das mit 7 in Eingriff steht, ist der Minutenzählzeiger montiert. In entsprechender Weise ist bei anderen Uhren noch ein Stundenzähler vorgesehen. Wird der Drücker erneut betätigt, das Schaltrad also um einen weiteren Sperrzahn weiter gedreht, so wird die Situation von Abbildung 5.10c erreicht. Hier sind die Hebel 3 und 6 von der nächsten Säule wieder angehoben worden, die Räder 4, 7 und 8 stehen still. Dafür ist der Nullstellhebel 9 abgefallen und wird von seiner Feder gegen die beiden in Abbildung 5.10a verdeckten Herzscheiben auf den Wellen des Sekundenzeigers und des Minutenzählers gedrückt. Deren Form sorgt dafür, dass beide Zeiger in ihre Ausgangslage rückgestellt werden.

Nochmaliges Betätigen des Drückers bringt das Schaltrad wieder in die ursprüngliche Lage zurück.

Die beschriebene Einrichtung wird allgemein Chronograph, also Zeitschreiber genannt. Sehr treffend ist dieser Name nicht, denn geschrieben wird ja dabei nichts. Die Bezeichnung, die auf ältere Konstruktionen zurückgeht, hat sich aber durchgesetzt.

Tischuhr, Estienne Asselin London Fecit, Höhe 360 mm, circa 1680, „Queen Anne Bracket Clock“ mit Stundenschlagwerk, Stundenselbstschlag, Viertelstundenrepetition und Datum

Schlagwerke und Weckeinrichtungen

Musik wird oft nicht schön gefunden,
weil sie stets mit Geräusch verbunden.
(Wilhelm Busch)

Übersicht

Zweck

Heute mag eine Uhr, die die Stunden mehr oder weniger musikalisch hörbar macht, nicht nur überflüssig, sondern oft sogar als lästig erscheinen. Doch in früheren Zeiten ohne elektrisches Licht war es von großem Nutzen, auch im Dunkeln erfahren zu können, „was die Stunde geschlagen hatte", denn Licht zu machen war mühsam und feuergefährlich. Deshalb haben fast alle älteren Uhren, die für den Hausgebrauch und nicht ausschließlich für die wissenschaftliche Zeitmessung bestimmt waren, ein oder sogar zwei besondere für den Schlag bestimmte Räderwerke.

Deren Aufbau ist dem der Gehwerke in vielen Einzelheiten ähnlich. Es gibt einen Antrieb mittels Gewicht oder Zugfeder, ein mehrstufiges Zahnradwerk und eine Einrichtung, die das zu schnelle Ablaufen hemmt. Diese Letztere ist allerdings weit einfacher als die Hemmung des Gehwerks und besteht aus einem Windfang genannten einfachen Ventilatorflügel.

Windfang

Er besteht aus dünnem Blech und kann sich auf seiner Welle unter Reibung drehen. Beim ruckartigen Stillsetzen des Räderwerks dreht sich der Windfang noch um ein Stück auf der Welle weiter, sodass die Zähne des Windfangtriebs entlastet werden. In der Beschleunigungsphase soll der Windfang ein rasches Anlaufen ermöglichen, dann aber eine möglichst gleichförmige Drehzahl garantieren.

Der ersten Forderung entsprechend ist der Windfang aus einem dünnen Blech gefertigt, damit seine Masse und sein Trägheitsmoment klein sind. Die bremsende Wirkung beruht darauf, dass ständig neue Luftteilchen aus dem Weg geschafft und beschleunigt werden müssen. In erster Näherung wächst das so entstehende Bremsmoment quadratisch mit der Drehzahl, sodass die Kennlinie bei der Betriebsdrehzahl einen steilen Anstieg hat (Abb. 6.1c). Einer Änderung des Antriebsmoments, dem das Bremsmoment das Gleichgewicht

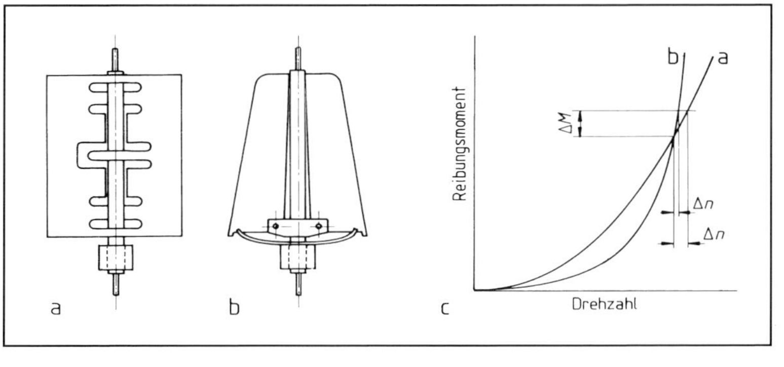

6.1 Windfang
a) einfacher, b) mit beweglichen Flügeln, c) Kennlinien, Δn Drehzahländerung bei einer Änderung des Drehmoments ΔM

halten muss, entspricht deshalb eine nur kleine Drehzahländerung. Ein noch günstigeres Verhalten zeigt ein Windfang mit beweglichen Flügeln (Abb. 6.1b). Hier ist die Kennlinie bei kleinen Geschwindigkeiten flach, was einen raschen Anlauf garantiert. Sie wird aber bei hoher Drehzahl besonders steil, weil die Fliehkraft die Flügel gegen die Kraft der kleinen Feder nach außen drückt und den aerodynamischen Bremskräften einen großen Hebelarm verschafft.

Einteilung der Schlagwerke

Nach der Schlagleistung wird in Stunden-, Halbstunden- und Viertelstundenschlag unterteilt. Als Klangkörper kommen Glocken, Stäbe oder Tonfedern in Frage. Die Letzteren sind spiralig aufgewundene Stahldrähte, die am inneren Ende eingespannt außen frei schwingen und in der Nähe der Einspannung mittels eines kleinen Hämmerchens angeschlagen werden. Weiter gibt es Werke, die nur Bim-Bam schlagen, wofür mindestens zwei Klangkörper nötig sind, und solche, die Melodien, z. B. mit fünf Klangkörpern jene von Westminster schlagen, sowie solche, die Figurenautomaten betätigen, von denen der bekannte Kuckuck, der mit den Flügeln schlägt und den Schnabel öffnet, noch der einfachste ist. Nach dem Konstruktionsprinzip schließlich werden Schlossscheiben- und Rechenschlagwerke unterschieden.

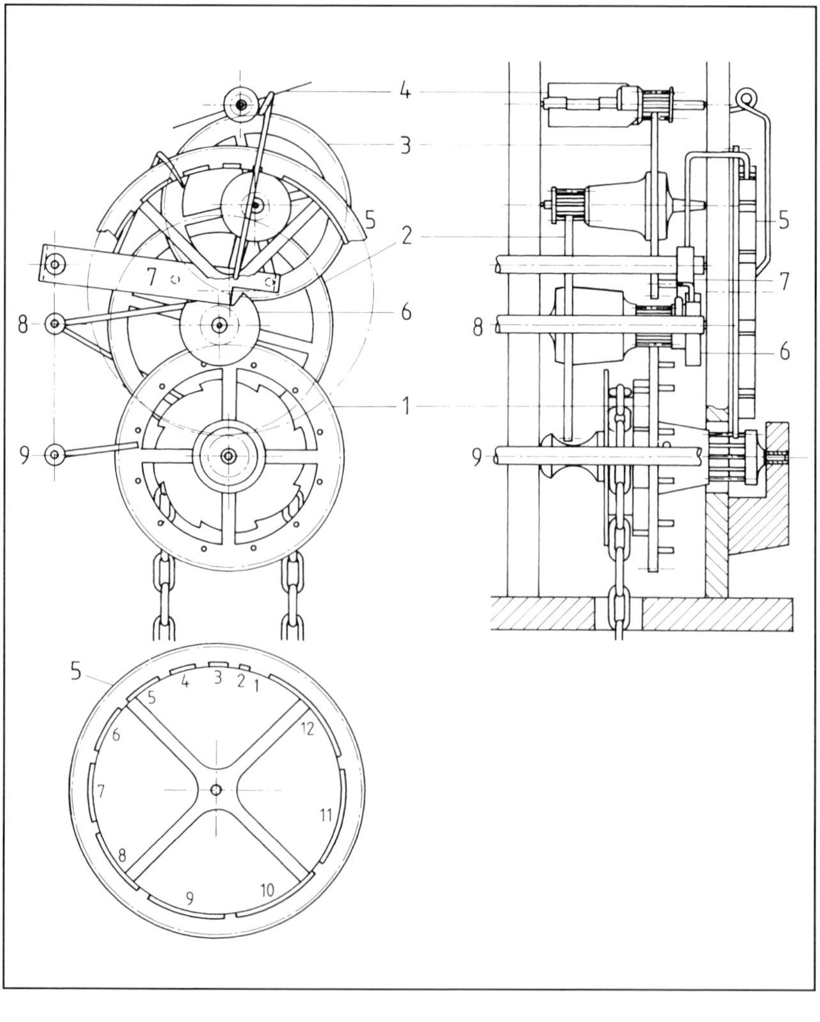

6.2 Schlossscheiben-Schlagwerk einer Schwarzwalduhr
1 Antriebsrad, zugleich Hebnägelrad,
2 Fallenrad, 3 Laufrad mit Anlaufstift,
4 Windfang,
5 Schlossscheibe,
6 Herzscheibe,
7 Fallenhebel mit Abtastmesser,
8 Auslösehebel,
9 Hammerhebel

Schlossscheiben-Schlagwerke

Arbeitsweise

Das Schlagwerk, das z. B. bei Schwarzwalduhren anzutreffen ist, bezieht die Information, wieviele Schläge auszuführen sind, von der sogenannten Schlossscheibe, die dem Ganzen den Namen gibt und sich in 12 Stunden einmal dreht. Abbildung 6.2 zeigt das Schlagwerk einer älteren Schwarzwalduhr mit holzgespindelten Messingrädern und Hohltrieben. Das Schlagwerk ist hier hinter dem Gehwerk angeordnet, während bei moderneren Uhren beide Werke nebeneinander

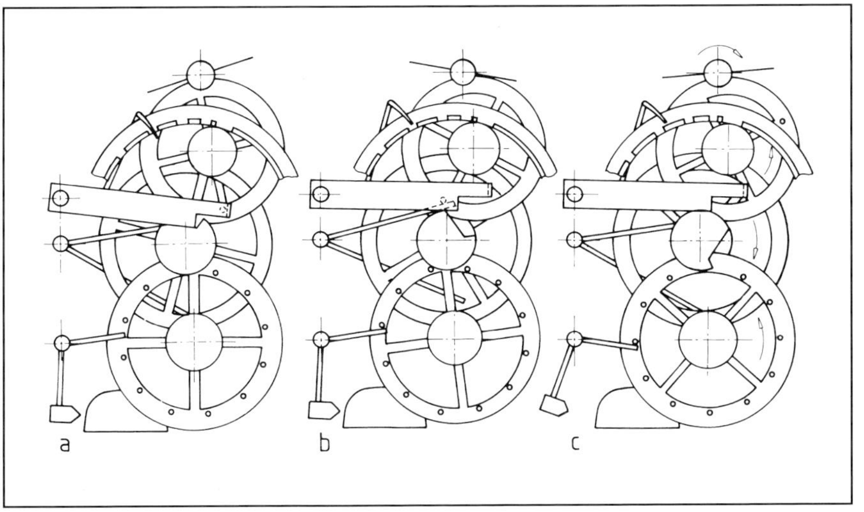

6.3 Schwarzwälder Schlossscheiben-Schlagwerk
a) Ruhestellung, b)Warnungsauslösung, c)Schlagauslösung

liegen. Die Schlossscheibe 5 ist außerhalb des Werkgestells auf einem Anrichtstift gelagert und wird vom Antriebsrad 1 mittels des unter einem Kloben liegenden Triebs angetrieben.

Abbildung 6.3 beschreibt den Ablauf des Stundenschlags. Zunächst ist bei a noch alles in Ruhe. Der auf dem Anlaufrad (Pos. 3 in Abb. 6.2) befestigte Anlaufstift liegt an einem rechtwinklig nach hinten abgebogenen Lappen des Einfallhebels 7 und blockiert das Werk.

In Abbildung 6.3b hat ein auf dem (nicht mitgezeichneten) Wechselrad des Zeigerwerks sitzender Auslösestift den Auslösehebel 8 unter Mitnahme des Einfallhebels angehoben. Jetzt ist das Räderwerk frei, es löst aber noch keinen Schlag aus, sondern wird nach einer nur kurzen Drehung durch das Anschlagen des Anlaufstiftes gegen den angehobenen Auslösehebel sogleich wieder angehalten. Dieser kurze Anlaufvorgang wird Warnung genannt. Sein Zweck ist, den Schlag nicht durch das Anheben des Auslösehebels auszulösen, das notwendigerweise so langsam geschieht wie das Gehwerk abläuft, sondern durch dessen Abfallen, das praktisch in einem Augenblick geschieht, sodass der Schlag immer pünktlich eingeleitet wird.

In Abbildung 6.3c hat der Minutenzeiger die 12 erreicht. Damit ist der Augenblick gekommen, in dem der Auslösehebel vom Auslösestift abfällt und in seine Ruhelage zurückkehrt. Der Einfallhebel bleibt jedoch in seiner angehobenen Lage, da sich die auf der Welle des Fallenrades 2 liegende Herzscheibe 6 inzwischen weiter gedreht hat, sodass der Hebel, statt in dessen Kerbe zu fallen, auf dem Rand der Scheibe aufliegt. Da somit beide Hebel außerhalb des Wirkungsbereiches des Anlaufstiftes sind, kann das Räderwerk nun frei ablaufen und betätigt mittels der Hebnägel auf dem Antriebsrad 1 den Hammerhebel 9, der somit das Schlagen gegen die Glocke veranlasst. Während die Steuerung des Vorganges durch den Stift auf dem rasch umlaufenden Anlaufrad bei kleinen Kräften geschieht, sitzen die Hebnägel auf dem Antriebsrad, wo der kleineren Drehzahl entsprechend ein großes Drehmoment zur Verfügung steht.

Nach einmaligem Schlagen hat die Herzscheibe gerade eine Umdrehung zurückgelegt, sodass der Einfallhebel in seine Ruhelage zurückfallen würde. Doch daran hindert ihn der auf dem Kranz der Schlossscheibe aufliegende Arm, falls er nicht bereits nach einem Schlag eine neue Kerbe vorfindet. Man versteht leicht, dass die Anzahl der Schläge durch die Breite der Kämme zwischen den Kerben der Schlossscheibe gesteuert wird. Da die Schlossscheibe für zwölf geschlagene Stunden eine Umdrehung ausführt, ist ihr Umfang in 1 + 2 + 3 + … + 12 = 78 Teile geteilt, und der Kamm für einen bestimmten Stundenschlag ist so viele dieser Teile breit, wie Schläge auszuführen sind, nur für den Einuhrschlag ist kein Kamm nötig. Die Zähnezahlen des Räderwerks sind so berechnet, dass für jeden durchgehenden Stift des Hebnägelrades, das hier zugleich das Antriebsrad ist, die Schlossscheibe um einen dieser Teile weiter läuft und die Herzscheibe gerade eine und das Anlaufrad eine ganze Zahl von Umdrehungen ausführt. So wird also der Mechanismus, nachdem die der Stunde entsprechende Zahl von Schlägen ausgeführt ist, in die Lage von Abbildung 6.3a zurückkehren.

Falls auch die halben Stunden durch einen einmaligen Schlag angezeigt werden sollen, und das ist bei Uhren dieses Typs die Regel, so sind zwei Auslösestifte auf dem Viertelrohr oder deren vier auf dem halb so schnell umlaufenden Wechselrad vorhanden. Die Schlossscheibe ist in diesem Fall in 78 + 12 = 90 Teile geteilt, und die Einschnitte auf ihrem Umfang sind breiter ausgeführt, sodass beim Halbstundenschlag das Abtastmesser in die gleiche Kerbe fallen kann wie beim zuletzt ausgeführten Stundenschlag.

Während die Auslösung des Schlagwerks vom Gehwerk her betätigt wird, sind beide Werke sonst völlig unabhängig voneinander. So wird auch die Anzahl der auszuführenden Schläge vom Schlagwerk selbst bestimmt und hängt nicht von der Stellung des Stundenzeigers ab. Hierin liegt der Nachteil des Schlossscheiben-Schlagwerks. Wenn die Uhr, etwa nachdem sie eine Weile gestanden hat, gestellt wird, muss man das Schlagwerk durch Anheben des Auslösehebels von Hand so lange schlagen lassen, bis wieder Übereinstimmung zwischen der geschlagenen und der angezeigten Stunde erreicht ist. Auch sollte das Schlagwerk eine etwas höhere Gangdauer haben als das Gehwerk, damit es nicht vorzeitig zum Stehen kommt und die Synchronisation beider Werke erneut in Unordnung bringt. Aus dem gleichen Grunde kann man eine Uhr mit Schlossscheiben-Schlagwerk nicht „repetieren" lassen. Das heißt, man kann durch Betätigen des Auslösehebels von Hand die Zeit nicht zwischendurch abfragen.

Neben der beschriebenen Schwarzwälder Ausführung gibt es weitere Formen, so z. B. das Pariser Schlossscheiben-Schlagwerk, bei dem die Herzscheibe fehlt und dafür die Einschnitte der Schlossscheibe schräge Anlaufflächen zum Anheben des Abtastmessers haben.

Abbildung 6.4 zeigt ein solches Uhrwerk in einer modernen Ausführung, bei dem vom Gehwerk nur die Minutenwelle mit dem zweistrahligen Auslösestern (unten Mitte) dargestellt ist. Die drei Hebel 8, 9 und 10 liegen zwischen dem Zifferblatt und der vorderen Platine. In der Ruhestellung liegt der Warnungshebel 9 auf zwei abgewinkelten Lappen des Auslösehebels 8 auf. Der Fallenhebel 10 liegt mit seinem Abtastmesser in einem der Schlossscheibeneinschnitte und blockiert das Schlagwerk über den auf dem Fallenrad 4 angebrachten Anlaufstift. Sobald der Auslösestern den Auslösehebel hebt, nimmt dieser den Warnungshebel und der wiederum den Fallenhebel

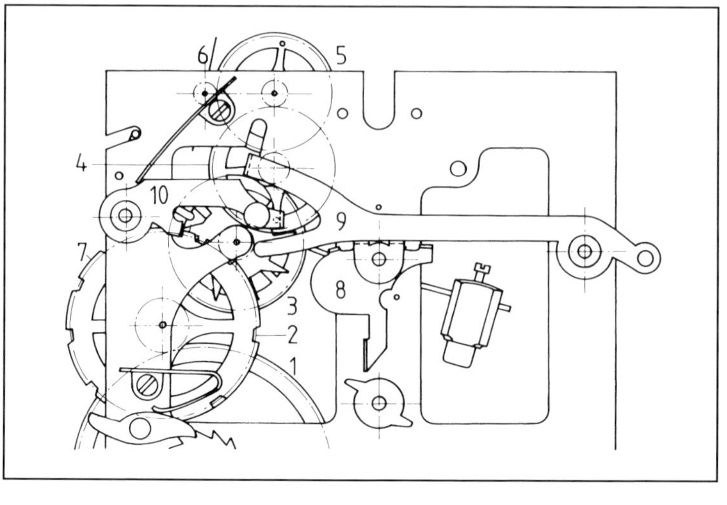

6.4 Pariser Schlossscheiben-Schlagwerk
1 Federhaus, 2 Beisatzrad, 3 Hebnägelrad, 4 Fallenrad, 5 Laufrad, 6 Windfang, 7 Schlossscheibe, 8 Auslösehebel, 9 Warnungshebel, 10 Fallenhebel

mit. Das Werk läuft kurz an, bis der Anlaufstift auf dem Laufrad 5 gegen den Lappen des angehobenen Warnungshebels läuft. Wenn die beiden Hebel 8 und 9 wieder zurückfallen, wird das Werk freigegeben und läuft so lange, wie das Abtastmesser an 10 auf einem der Kämme der Schlossscheibe 7 aufliegt, mindestens einmal. Bei jeder Drehung von 4 betätigt der auf der Welle von 3 sitzende Hebstern den Hammerhebel einmal und hebt damit den hinter dem Werk sichtbaren Hammer.

Rechenschlagwerke

Wirkungsweise

Der Nachteil des Schlossscheiben-Schlagwerks, dass unter Umständen keine Übereinstimmung zwischen der angezeigten und der geschlagenen Stunde besteht, wird beim Rechenschlagwerk dadurch vermieden, dass die Anzahl der auszuführenden Schläge direkt vom Gehwerk oder genauer gesagt vom Zeigerwerk abgetastet wird.

Abbildung 6.5 zeigt schematisch die Teile. Es gibt zunächst wieder ein Räderwerk mit Federhaus, Beisatzrad, Hebnägelrad, Schöpferrad, Anlaufrad und Windfang und ein Hebelsystem mit dem Auslösehebel, dem Einfallhebel und dem Rechen. Die ersten beiden liegen auf einer gemeinsamen Achse, sind aber unabhängig voneinander drehbar.

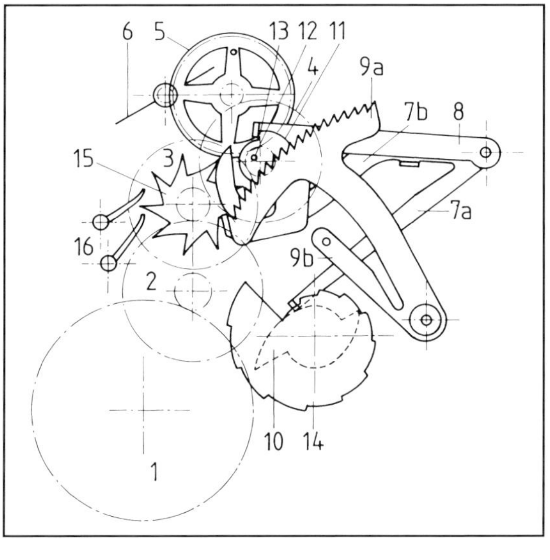

6.5 Rechenschlagwerk
1 Federhaus, 2 Beisatzrad, 3 Hebnägelrad, 4 Schöpferrad, 5 Laufrad mit Anlaufstift, 6 Windfang, 7a Auslösehebel, 7b Warnungsarm, 8 Fallenhebel, 9a Rechen, 9b Auffallarm, 10 Auslösestern, 11 Herzscheibe, 12 Schöpfer, 13 Anlaufstufe, 14 Stundenstaffel, 15 Hebstern, 16 Hammerhebel

Die Warnung zum Stundenschlag wird dadurch ausgelöst, dass der auf dem Viertelrohr des Zeigerwerks liegende Auslösestern 10 mit dem größeren seiner beiden Zacken den Auslösehebel 7a anhebt. Dieser nimmt mittels eines rechtwinklig nach vorn abgebogenen Lappens den Fallenhebel 8 mit und gibt das Werk zur Warnung frei. Bis dahin war es mittels der auf der Welle des Schöpferrades 4 sitzenden Herzscheibe 11 blockiert, weil deren Absatz gegen den Lappen des Fallenhebels anschlägt. Zugleich fällt der bisher unten auf dem Fallenhebel aufliegende Rechen 9a herab, bis sein Auffallarm auf einer der Stufen der Stundenstaffel 14 aufliegt. Nach kurzem Anlauf wird das Werk durch das Auflaufen des Stiftes auf dem Anlaufrad gegen den Warnungsarm auf dem angehobenen Auslösehebel wieder angehalten.

Wenn nun der Auslösehebel vom Auslösestern in dem Augenblick, in dem der Minutenzeiger die 12 erreicht hat, wieder abfällt, ist das Werk frei. Es läuft nun ab und betätigt mittels des Hebsterns die beiden Hammerhebel 16. Jedem Schlag entspricht eine Umdrehung des Schöpferrades, und jedes Mal wird der Rechen mittels des Schöpfers 12, das ist hier ein Stift auf der Herzscheibe, um einen seiner Zähne zurück nach oben „geschöpft", bis er, am Zurückfallen durch den Einfallhebel gehindert, seine Ausgangslage wieder erreicht hat. Ist dies der Fall, kann auch der Einfallhebel endgültig zurückfallen, und durch Anlaufen der Stufe auf der Herzscheibe kommt das Werk zum Stehen. Es ist klar, dass die Anzahl der geschlagenen Stunden gleich der Zahl der Zähne ist, um die der Rechen geschöpft werden muss, und diese hängt davon ab, wie weit der Rechen bei der Warnung herabgefallen ist. Der Fallweg wiederum wird durch die Höhe der Stufen auf dem Staffelrad begrenzt. Da dieses auf dem Stundenrohr des Zeigerwerks sitzt, ist die richtige Zuordnung zwischen der Zeigerstellung und der Schlagzahl automatisch gegeben und geht auch beim Verstellen der Zeiger nicht verloren.

Repetierschlagwerke

Mit dem Rechenschlagwerk ist es ohne Weiteres möglich, die Uhr repetieren zu lassen. Dazu muss man nur den Auslösehebel von Hand anheben, sodass das Schlagwerk wie beschrieben abläuft und die jeweilige Stunde anzeigt. So kann man sich auch bei völliger Dunkelheit die Zeit immerhin auf eine Stunde genau mitteilen lassen. Das geht nahezu jederzeit, nur zwischen Warnung und Schlagauslösung nicht. In diesem Fall muss man so lange Geduld aufbringen, bis die Uhr ohnehin schlägt.

Fragt man aber auf die beschriebene Weise die Zeit gerade dann ab, wenn eine neue Stufe der Stundenstaffel in den Wirkungsbereich des Auffallarms kommt, so ist es mehr oder weniger dem Zufall überlassen, ob man noch die alte oder schon die neue Stunde erfährt. Um auch diesem Mangel abzuhelfen, ist bei ausgesprochenen Repetieruhren die Staffel nicht direkt auf das Stundenrohr aufgesetzt, sondern sie ist gemeinsam mit einem zwölfstrahligen Sternrad gesondert gelagert (Abb. 6.6). Kurz vor dem Erreichen der vollen Stunde wird das Sternrad von einem auf dem Viertelrohr sitzenden Stift um einen Zacken weitergeschaltet und dann von einer federbelasteten Rolle oder Klinke in der neuen Lage gehalten. Mit dieser Konstruktion gelingt eine nahezu augenblickliche Bewegung von einer Staffelstufe zur nächsten, und man kann die Uhr fast jederzeit repetieren lassen.

Varianten

Auch das Rechenschlagwerk kann so abgewandelt werden, dass es zusätzlich die halben Stunden durch einen einfachen Schlag anzeigt. Dazu ist um 180° gegen den ersten versetzt der zweite, kleinere Zacken auf dem Auslösestern in Abbildung 6.5 vorgesehen. Die Warnung ist ähnlich wie beim Stundenschlag, jedoch werden Auslöse- und Einfallhebel nur so weit gehoben, dass der Rechen noch nicht abfällt, sondern auf dem Einfallhebel liegen bleibt. Beim Abfallen des Auslösehebels wird deshalb die Stufe der Herzscheibe schon nach einem Schlag wieder auf den Einfallhebel auflaufen.

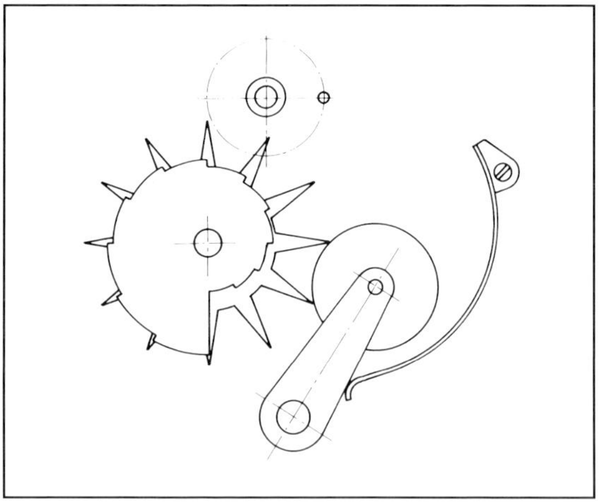

6.6 Stundenstaffel einer Repetieruhr

Auf die Herzscheibe kann an sich verzichtet werden, wenn nur der Schöpfer beibehalten wird und auf dem Schöpferrad ein Anlaufstift als Ersatz für die Anlaufstufe vorgesehen wird. Die Herzscheibe hat aber die Aufgabe, störende Nebengeräusche zu unterdrücken, die ohne sie während des Rechenhubs durch das Überschnappen der Falle über die Rechenzähne entstehen würden. Zu ihrer Vermeidung wird der Einfallhebel mittels der Herzscheibe aus der Rechenzahnung heraus gehoben, so lange der Schöpfer den Rechen hebt, und anschließend in die nächste Zahnlücke eingesetzt.

Viertelstundenschlagwerke

Aufbau

Wenn alle Viertelstunden durch einen, zwei, drei und vier Schläge angezeigt werden sollen, beim vierten Viertel vom jeweiligen Stundenschlag gefolgt, so sind zusätzlich zum Gehwerk zwei Schlagwerke nötig, das eine für die Viertel und das andere für die Stunden. Das Viertelschlagwerk wird vom Gehwerk her ausgelöst und löst seinerseits das Stundenschlagwerk aus.

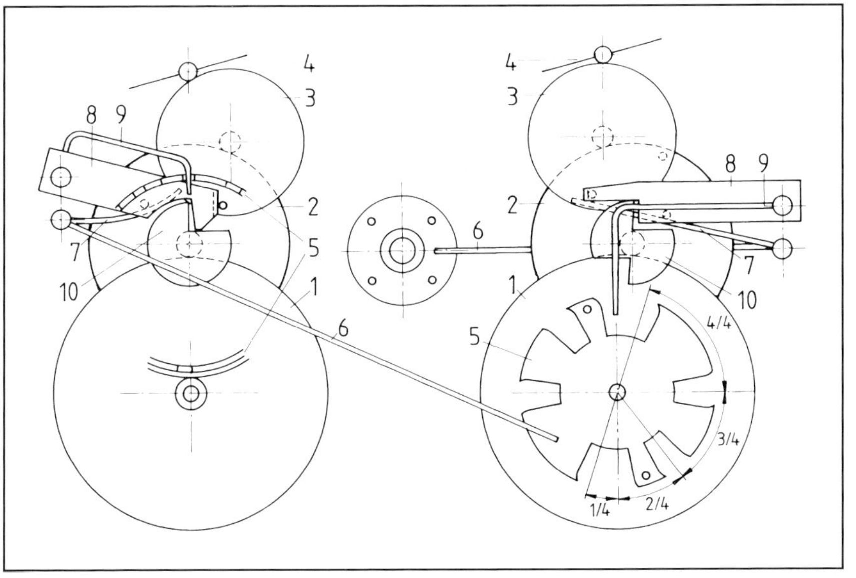

6.7 Schlagwerk einer Wachtel-Kuckucksuhr
1 Antriebsrad, 2 Fallenrad, 3 Laufrad, 4 Windfang, 5 Schlossscheibe, 6 Auslösehebel, 7 Warnungsarm, 8 Fallenhebel, 9 Abtastmesser, 10 Herzscheibe

Schlossscheibenwerke

Bei Turmuhren arbeiten meistens beide Schlagwerke nach dem Schlossscheibenprinzip. Ebenso ist es bei den Schwarzwälder Wachtel-Kuckucksuhren, die weit weniger bekannt sind als die einfachen Kuckucksuhren, und bei denen die Viertel durch den Wachtelschlag und die Stunden durch den Kuckucksruf gekennzeichnet werden. Abbildung 6.7 zeigt das Schema einer solchen Uhr.

Das Antriebsrad des Viertelschlagwerks dreht sich einmal in zwei Stunden, und deshalb ist die mit ihm verbundene Schlossscheibe symmetrisch gearbeitet und hat zwei Sätze von Einschnitten und Kämmen. Für das erste Viertel ist kein Kamm nötig. Das Fallenrad ist zugleich Hebnägelrad und dreht sich bei zwei Schlägen einmal. Die auf der gleichen Welle sitzende Herzscheibe hat dementsprechend zwei Einschnitte.

Die Wirkungsweise ist ganz ähnlich wie weiter oben beschrieben. Einer der vier Auslösestifte hebt den Auslösehebel und dieser mittels des Warnungsarms den Einfallhebel. Dadurch wird das bis dahin durch den vorn liegenden Anlaufstift blockierte Anlaufrad freigegeben, und das Werk kann zur Warnung anlaufen. Das Anlaufrad hat hier einen zweiten, hinten liegenden Anlaufstift, der mit dem Warnungsarm des Auslösehebels zusammenarbeitet. Dadurch wird ein besonders kurzer Warnungsanlauf erreicht, der hier nötig ist, um ein vorzeitiges Öffnen des Vogeltürchens zu vermeiden. Sobald der Auslösehebel wieder abfällt, wird das Anlaufrad wieder freigegeben und der Schlag ausgelöst, wobei die Anzahl der Schläge in der bekannten Weise von der Schlossscheibe gesteuert wird. Das Hebnägelrad, es ist hier mit dem Fallenrad identisch, dreht sich wie schon gesagt für zwei Schläge einmal. Entsprechend sind um 180° versetzt zwei nach vorn ragende Hebstifte für den Hammerhebel vorhanden und weiterhin je drei hinten liegende Stifte, die in dem für eine Wachtel typischen Takt den Blasebalg für die Pfeife betätigen.

Das Stundenschlagwerk wird beim Beginn des Vierviertelschlages mittels eines der beiden Stifte auf der Viertelschlossscheibe durch Anheben des Stundenauslösehebels zum Warnungsanlauf ausgelöst. Auch hier muss dieser kurz sein, wozu aber ein einziger Anlaufstift auf dem Stundenlaufrad ausreicht. Wenn der Vierviertel-Wachtelschlag beendet ist, muss der Stundenauslösehebel abfallen, sodass der Stundenschlag beginnen kann.

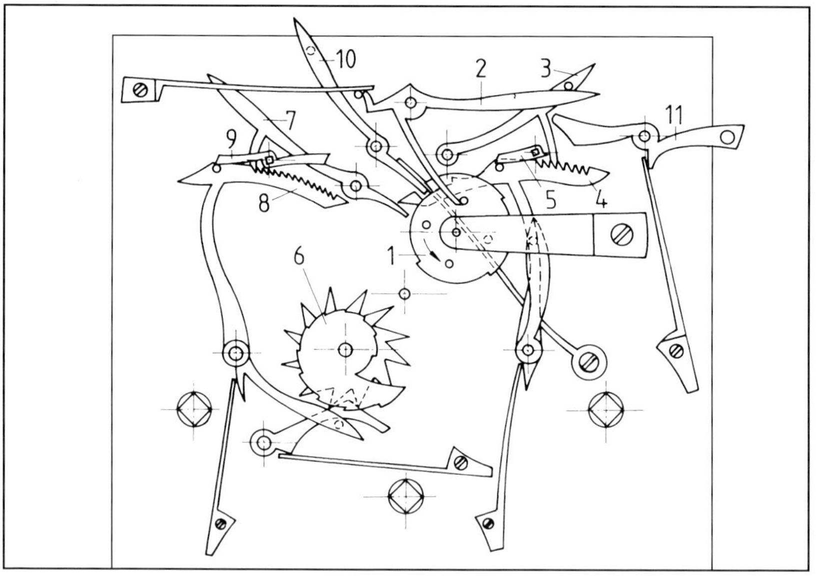

6.8 Wiener Rechenschlagwerk mit Viertelstundenschlag und Repetition
1–5 Viertelschlagwerk, 6–10 Stundenschlagwerk
1 Viertelstaffel, 2 Auslösehebel, 3 Fallenhebel, 4 Viertelrechen, 5 Schöpfer, 6 Stundenstaffel, 7 Fallenhebel, 8 Stundenrechen, 9 Schöpfer, 10 Anlaufhebel, 11 Repetierhebel

Wiener Vierviertel-Rechenschlagwerk

Als zweites Beispiel ist in Abbildung 6.8 ein Vierviertelschlagwerk dargestellt, bei dem beide Schlagwerke nach dem Rechenprinzip arbeiten. Die Viertelstaffel wird über ein Zahnradpaar vom nicht mitgezeichneten Zeigerwerk her angetrieben, die Stundenstaffel dagegen in der bei Abbildung 6.6 beschriebenen Weise mittels eines Sternrades. Beide Staffeln drehen sich gegen den Uhrzeigersinn.

Im Gegensatz zu den bisher behandelten Uhrwerken hat dieses Wiener Werk keine Warnungs-, sondern eine Schnapperauslösung. Einer der vier Auslösestifte auf der Viertelstaffel drückt den Auslösehebel 2 gegen die Kraft seiner Feder nach unten. Sobald der Auslösehebel vom Auslösestift abfällt, schnappt er von der Feder geschnellt nach oben, nimmt dabei den Einfallhebel 3 mit und lässt den Viertelrechen abfallen. Dadurch wird der bisher blockierte Schöpfer 5 frei und lässt das Viertelschlagwerk ablaufen. Durch den Abfall des Viertelrechens wird aber auch der Einfallhebel 7 angehoben, sodass das Stundenschlagwerk ebenfalls zu laufen beginnt.

Zugleich hat aber auch der Hebel 10 eine Drehung erfahren und hält das Stundenschlagwerk sogleich wieder an, weil ein Anlaufstift auf ihn aufläuft. Erst wenn der Viertelrechen in seine Ruhelage zurückgekehrt ist, werden der Hebel 10 und damit das Stundenschlagwerk wieder freigegeben. Diese Uhr schlägt alle 15 Minuten das jeweilige Viertel, gefolgt von der abgelaufenen Stunde.

Außerdem lässt sich der Schlag jederzeit durch Betätigen des Repetierhebels 11 auslösen.

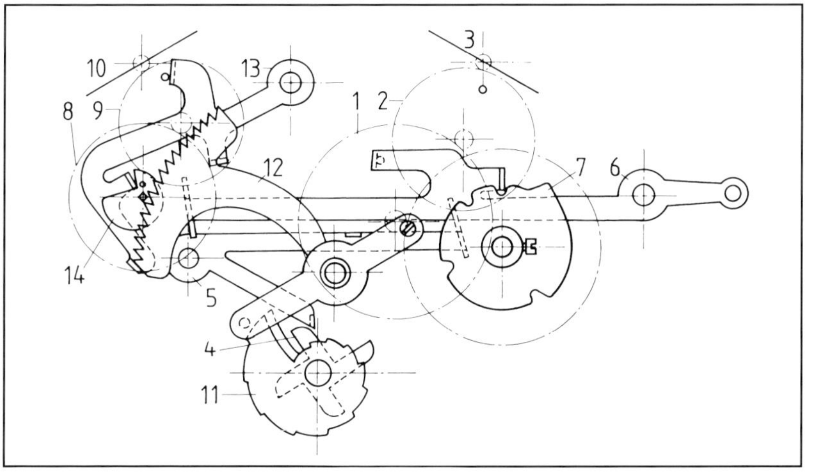

6.9 Westminsterschlagwerk
1–7 Viertelschlagwerk, 8–14 Stundenschlagwerk
1 Fallenrad, 2 Laufrad, 3 Windfang, 4 Auslösestern, 5 Auslösehebel, 6 Fallenhebel, 7 Schlossscheibe, 8 Schöpferrad, 9 Laufrad, 10 Windfang, 11 Stundenstaffel, 12 Rechen, 13 Fallenhebel, 14 Schöpfer

Melodieschlagwerke und Figurenautomaten

Westminsterschlagwerk

Bei diesen Werken ist fast immer ein Viertelschlagwerk nach dem Schlossscheibenprinzip mit einem Rechenschlagwerk für die Stunden kombiniert. In Abbildung 6.9 sind beide Werke in Ruhe. Das Viertelschlagwerk wird durch den Anlaufstift auf dem Fallenrad 1 und das Stundenschlagwerk durch den auf dem Anlaufrad 9 gehalten. Wenn einer der Arme des Auslösesterns 4 den Auslösehebel 5 anhebt und dabei den Einfallhebel 6 mitnimmt, wird das Viertelwerk zur Warnung freigegeben. Dessen Lauf wird durch Auflaufen des Anlaufstiftes auf dem Anlaufrad 2 gegen den angehobenen Auslösehebel beendet.

Erst wenn dieser wieder abfällt, wird das Viertelwerk endgültig freigegeben. Wie früher schon beschrieben, wird das Schlagen so lange fortgesetzt, wie der Einfallhebel auf einem der Kämme der Schlossscheibe 7 aufliegt. Beim ersten, zweiten und dritten Viertel bleibt das Stundenschlagwerk bei alledem in Ruhe. Erst beim Vierviertelschlag hebt die Nase auf der Schlossscheibe den Einfallhebel 6, der zugleich Auslösehebel für das Stundenschlagwerk ist, so weit an, dass er den Einfallhebel 13 mitnimmt, sodass der Rechen 12 abfällt und das Stundenwerk zur Warnung anläuft. Der Anlaufstift auf dem Anlaufrad 9 gibt das Werk endgültig frei, wenn der Hebel 6 wieder in die Kerbe der Schlossscheibe zurückfällt, also wenn der Vierviertelschlag beendet ist. Wie bei jedem Rechenschlagwerk wird die Zahl der Stundenschläge durch den von der Staffel begrenzten Fallweg des Rechens bestimmt.

Selbsttätige Schlagregulierung

Während beim Stundenschlagwerk die Übereinstimmung mit der Zeigerstellung von der Bauart her immer gegeben ist, kann das Viertelschlagwerk beim Stellen der Zeiger in Unordnung geraten. Nun kann aber der Vierviertelschlag wegen des größeren Radius des entsprechenden Kamms auf der Schlossscheibe nur durch den etwas längeren Zacken des Auslösesterns ausgelöst werden.

Bei einer Schlagstörung wird deshalb das Viertelwerk durch den Einfallhebel im Einschnitt

6.10 Westminster-Melodie

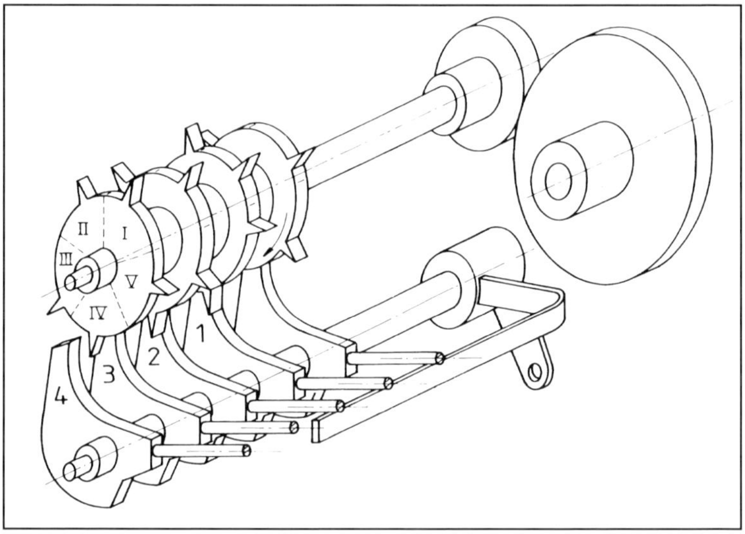

6.11 Schlagwalze und Hämmer

vor dem Vierviertelkamm bis zur nächsten vollen Stunde festgehalten, so lange nämlich, bis die Auslösung durch den größeren Zacken am Auslösestern erfolgt und somit wieder Übereinstimmung herrscht. Im ungünstigsten Fall schlägt die Uhr 3/4 Stunden lang falsch, bis der richtige Einschnitt in der Schlossscheibe erreicht ist, und weitere 3/4 Stunden überhaupt nicht, bis der Auslösestern nachgezogen hat, sodass die Störung spätestens nach $1^1/_2$ Stunden wieder beseitigt ist.

Schlagwalze

Zur Erzeugung der Westminster-Melodienfolge (Abb. 6.10) sind vier Tonstäbe nötig und eben so viele Schlaghämmer. Die vier zugehörigen Hebsterne bilden in ihrer Gesamtheit einen walzenförmigen Körper, der von der Schlossscheibenwelle her über ein Zahnradpaar angetrieben wird und doppelt so schnell umläuft wie diese, also zweimal in einer Stunde, da sich die Melodie nach dem 2. Viertel des 3/4 Schlages wiederholt. In Abbildung 6.11 ist die Schlagwalze in fünf Sektoren I bis V unterteilt, die den entsprechend bezeichneten Absätzen der Melodie entsprechen. Man erkennt in der Abbildung recht gut, wie im Sektor I die Hämmer in der Reihenfolge 1 2 3 4 angehoben werden.

Stundenschlag

Der zusätzliche Hammer wird beim Stundenschlag gemeinsam mit den Hämmern 1 und 2 mittels des darunter liegenden Bügels angehoben.

Kuckucksuhr

Uhren mit Figurenautomaten sind zwar seltener als solche mit einfachen oder Melodien spielenden Schlagwerken, aber es gibt sie in erstaunlicher Vielfalt, von kleinen Engeln, die mit Hämmerchen auf Glocken schlagen bis zu pornographischen Darstellungen sich bewegender Liebespaare. Man muss schon viel Phantasie haben, um sich auf diesem Gebiet etwas Neues auszudenken, das es noch nicht gibt. Als bekanntestes Beispiel soll hier der Schwarzwälder Kuckuck beschrieben werden, dessen Ruf durch zwei gedeckte hölzerne Orgelpfeifen erzeugt wird, jede mit ihrem eigenen Blasebalg.

Kuckucksuhren haben meist Schlossscheiben-Schlagwerke, bei denen Anfang und Ende des Stundenschlages durch das Anheben bzw. Abfallen des Einfallhebels gegeben ist. Die Bewegung dieses Hebels wird auf eine Drehung einer senkrecht in der Uhr angebrachten Stange übertragen, auf deren waagerecht abgewinkeltem Ende der Vogel hinter seinem Türchen verborgen sitzt. Beim Anheben des Einfallhebels, also unmittelbar bevor der Stundenschlag beginnt, schwenkt die Vogelstange nach vorn, stößt mittels eines am Vogelfuß befestigten kurzen Drahthebels das Türchen auf und bringt den Vogel in den Türausschnitt. Nach der Beendigung des Schlagens, also beim Abfallen des Einfallhebels, verschwindet der Kuckuck von einer Rückholfeder getrieben wieder hinter seiner Tür. Zusätzlich zu jedem Stundenschlag auf eine Tonfeder werden vom Hebnägelrad über Hebedrähte nacheinander die oberen beweglichen Brettchen der beiden Blasebälge angehoben, die bei ihrem Herabfallen Luft in die Pfeifen blasen und den charakteristischen Ruf des Vogels erzeugen. An einem der Blasebälge ist ein Drahtstück befestigt, das den Schwanz des Kuckucks anhebt, sodass dieser bei jedem Rufen eine Nickbewegung ausführt. Mittels eines im Vogelkörper untergebrachten, verblüffend einfachen Mechanismus wird dabei der Schnabel geöffnet und bei den besseren Ausführungen werden auch noch die Flügel angehoben (Abb. 6.12). Es ist faszinierend zu sehen, wie naturähnlich die Bewegungen des schlichten aus Holz und Draht bestehenden Automaten wirken. Man sollte sich das unbedingt einmal im Original ansehen, was angesichts der weiten Verbreitung von Kuckucksuhren nicht schwer sein sollte.

Wecker

Weckeruhren haben die Aufgabe, zu einer voreingestellten Zeit akustische Signale zu geben, und sie besitzen hierfür ein besonderes Werk.

Als Beispiel zeigt Abbildung 6.13 Teile eines einfachen Reiseweckers von der Zifferblattseite gesehen. Das Zifferblatt selbst mit dem Auslöserohr ist abgenommen und in der Nebenfigur im Schnitt dargestellt. Das verzahnte Federhaus 1 treibt über eine einzige Zahnradstufe ein Ankerrad 2 an, das in gleicher Weise wie bei einer Hemmung den Anker 3 in hin und her gehende Bewegung versetzt. Der Anker bildet in seiner Verlängerung den Klöppel, der die nicht mitgezeichnete Glocke, die hier von der hinteren Gehäuseschale gebildet wird, anschlägt. Diese wird, damit sie gut klingen kann, nur in der Mitte von drei Schrauben gehalten und ist am Rand frei. Aber so lange die Blattfeder 5 vom Stundenrad 4 des Zeigerwerks nach hinten gedrückt wird, blockiert sie den Klöppel mittels ihres nach hinten abgebogenen Lappens. Erst wenn das Stundenrad bei seiner Drehung die Stellung erreicht hat, bei der sein sektorförmiges Fenster sich mit der auf dem Auslöserohr 6 befindlichen Nase deckt, kann sich die Feder unter Mitnahme des Stundenrades um ein kleines Stück nach vorn bewegen, den Klöppel freigeben und den Alarm auslösen. Auf dem Auslöserohr ist außerhalb des Zifferblattes der Weckerzeiger und

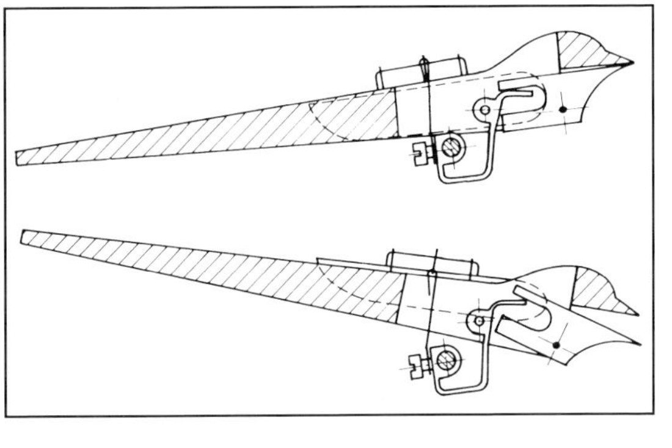

6.12 Vogel einer Kuckucksuhr

innen ein Zahnrad aufgenietet, mit dessen Hilfe über die Einstellwelle 8 die Weckzeit eingestellt wird. Der Hebel 9 gibt die Möglichkeit, den Alarm wieder abzustellen, bzw. die Weckeinrichtung von vornherein unwirksam zu machen.

So wie Uhren mit Schlagwerken soll man auch Wecker nur im Uhrzeigersinn stellen. Andernfalls wird das Auslöserohr unweigerlich mittels der steilen Flanke an seiner Nase vom Stundenrad mitgenommen und die eingestellte Weckzeit verändert. Auch umgekehrt darf die Weckzeit nur in der vorgeschriebenen Richtung eingestellt werden, weil sich sonst die Uhrzeit mit verstellen würde.

Um die Brutalität zu mindern, mit der der Wecker den Schläfer aus dem Schlaf reißt, haben manche Weckerwerke besondere Einrichtungen, die das Wecken komfortabler machen sollen. Hierzu gehört eine Stellung auf dem Federhaus, die verhindern soll, dass das Läuten bei nachlassender Federkraft in ein hässliches Rasseln übergeht. Manche Wecker haben eine Vorrichtung, die das Ablaufen des Weckerwerkes in kurzen Abständen unterbricht und nach einiger Zeit wieder einsetzen lässt. Das wird mittels eines Schaltrades erreicht, das vom Gehwerk angetrieben den Klöppel blockiert und wieder freigibt. Bei einem Leise-Laut-Wecker wird über eine Vorrichtung, die auf der Federhauswelle sitzt, der Bewegungsbereich des Klöppels begrenzt, sodass dieser zunächst nur zart an die Glocke schlagen kann, bis der Wecker dann „einen energischeren Ton anschlägt“.

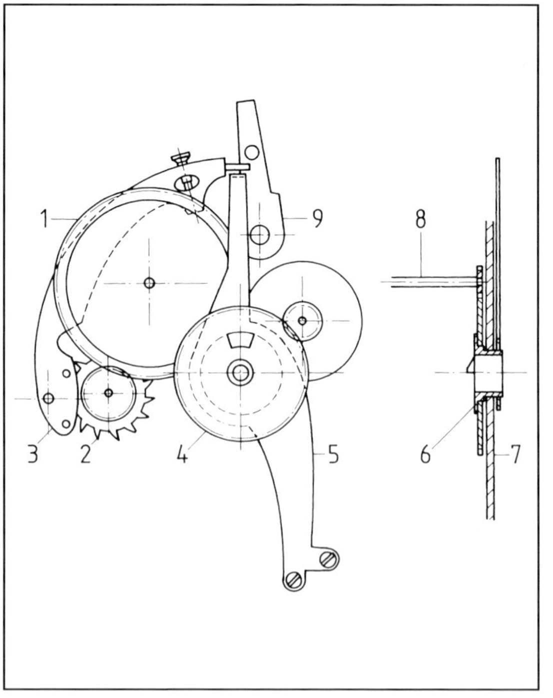

6.13 Weckeinrichtung eines Reiseweckers
1 Federhaus,
2 Ankerrad,
3 Klöppel,
4 Stundenrohr mit Stundenrad,
5 Feder,
6 Auslöserohr mit Weckerzeiger und Einstellrad,
7 Zifferblatt,
8 Einstellwelle,
9 Abstellhebel

Aufzugsysteme von Kleinuhren

Wer nicht das Mechanische vom Handwerk kennt, kann nicht urteilen. (Goethe)

Einleitung

Die Technik von Klein- und Großuhren ist nicht derart verschieden, dass deshalb für die Ersteren, also die Taschen- und Armbanduhren, ein eigenes Kapitel notwendig wäre. In diesem Buch ist ja auch schon mehrfach von ihnen die Rede gewesen. Außer dass sie klein sind, ist ihr wesentliches Merkmal, dass sie zum Tragen bestimmt und deshalb Stößen und Erschütterungen ausgesetzt sind. Eine Eigenschaft, die sie übrigens mit den im 19. Jahrhundert beliebten Reiseuhren gemeinsam haben. Im Zusammenhang mit den verschiedenen Hemmungssystemen ist auf die damit verbundenen Probleme schon eingegangen worden. Hier soll nun noch eine Ergänzung gebracht werden, die sich mit den verschiedenen Arten des Aufzugs und der Zeigerstellung beschäftigt.

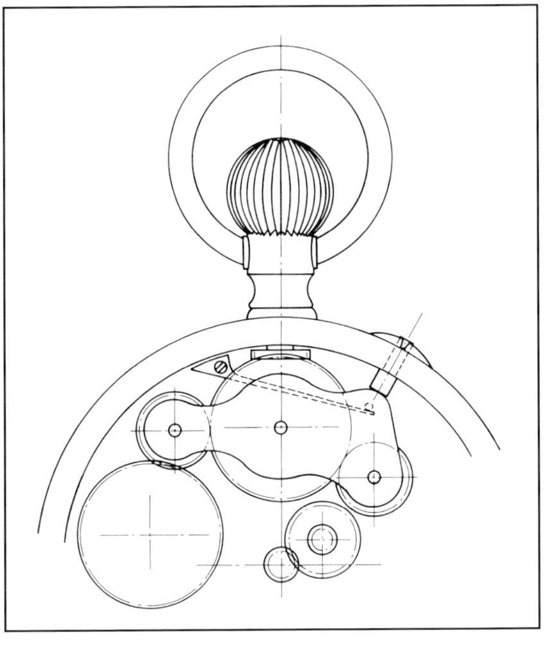

7.1 Wippenaufzug mit Zeigerstelldrücker

Aufzug und Zeigerstellung

Schlüsselaufzug

Die älteren Taschenuhren wurden genauso wie Großuhren mittels eines Schlüssels aufgezogen, der über einen Vierkant auf der Minutenwelle auch zum Stellen der Zeiger diente. Das regelmäßige Aufziehen erforderte ein tägliches Öffnen des Gehäuses, was nicht nur unbequem war, sondern vor allem die Gefahr mit sich brachte, dass Staub und Feuchtigkeit ins Innere des Uhrgehäuses eindringen konnten. Um den Eindringpfad wenigstens klein zu halten, sind die beiden Vierkante von je einem kleinen Tubus umgeben, der sich gegen den inneren Gehäusedeckel legt und einen einigermaßen dichten Abschluss herstellt.

Kronenaufzug mit Zeigerstelldrücker

Seit etwa 1850 gibt es Uhren, die wie bis heute üblich mittels der Krone aufgezogen und gestellt werden. Anfangs geschah die Umstellung von der einen in die andere Betätigungsart mittels eines kleinen Druckstiftes oder bei Savonnetten mit einem herausziehbaren Hebel. Hier sind vor allem zwei Konstruktionen zu unterscheiden, der Wippenaufzug, der etwas billiger herzustellen ist, und der Kupplungsaufzug für anspruchsvollere Uhren. Die Wirkungsweise des Wippenaufzugs geht aus Abbildung 7.1 hervor. Je nachdem, ob die Wippe in ihrer Ruhestellung liegt oder mit dem Drücker gekippt wird, geht der Kraftfluss von der Krone über das linke kleine Wippenrad auf das Wippenaufzugrad (das untere Federhausrad) oder über das rechte auf das Wechselrad des Zeigerwerks.

Beim Kupplungsaufzug (Abb. 7.2) wird die Umschaltung mit einem Kupplungsrad 2, auch Rainurerad genannt, erreicht, das auf dem Vierkant der Aufzugwelle 1 verschiebbar ist. Das Übertragungs- oder Transmissionsrad 3, mit dem

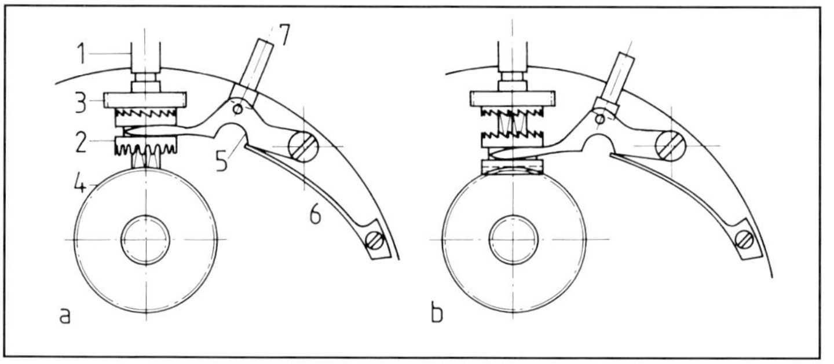

7.2 Kupplungsaufzug mit Zeigerstelldrücker:
a) Aufziehen, b) Stellen der Zeiger
1 Aufzugwelle, 2 Kupplungsrad, 3 Transmissionsrad, 4 Wechselrad des Zeigerwerks, 5 Zeigerstellhebel, 6 Feder, 7 Drücker

der Aufzug betätigt wird, ist auf der Kronenwelle drehbar, wird aber in der Normalstellung von der Kupplungsverzahnung oben auf dem Kupplungsrad in Aufzugsrichtung mitgenommen, in der Gegenrichtung rutschen die schrägen Kupplungszähne übereinander weg. Durch Druck auf den Zeigerstelldrücker wird das Kupplungsrad oben entkuppelt und greift dafür mit seiner unteren Kronenverzahnung in das Zeigerstellrad ein.

Bei beiden Ausführungsformen muss der Drücker gegen unbeabsichtigtes Eindrücken geschützt werden, weil sich sonst die Zeiger unkontrolliert und unbemerkt verstellen können. Der Stift ist deshalb in eine kleine geschlitzte Erhöhung des Gehäuses, das Drückerschiffchen, eingelassen. Zur Betätigung drückt man mit dem Fingernagel in den Schlitz.

Herausziehbare Krone

Beide Ausführungsformen, Wippen- und Kupplungsaufzug, gibt es auch in der moderneren Form mit herausziehbarer Krone, wobei wiederum der Wippenaufzug eher für einfache, preiswerte Uhren in Frage kommt. Zur Übertragung der axialen Bewegung der Aufzugswelle in die Kippbewegung der Wippe bzw. des Kupplungshebels dient ein weiteres Bauteil, der Winkelhebel.

Beim Wippenaufzug nach Abbildung 7.3 greift der Winkelhebel mit seinem nach rechts weisenden schlanken Arm in einen Einschnitt der Aufzugswelle. Mit dem breiteren Hebelarm nimmt er beim Herausziehen der Krone die Wippe mit, die in der neuen Stellung gehalten wird, indem ein Stift auf der Wippe in eine Nut des Winkelhebels einschnappt.

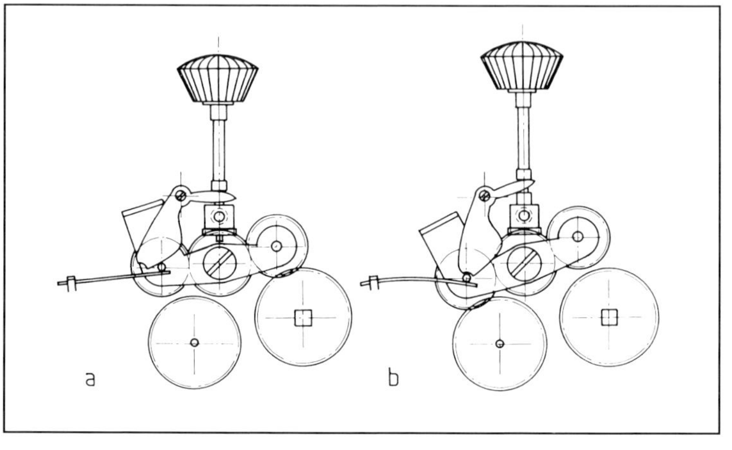

7.3 Wippenaufzug mit herausziehbarer Krone:
a) Aufziehen, b) Stellen der Zeiger

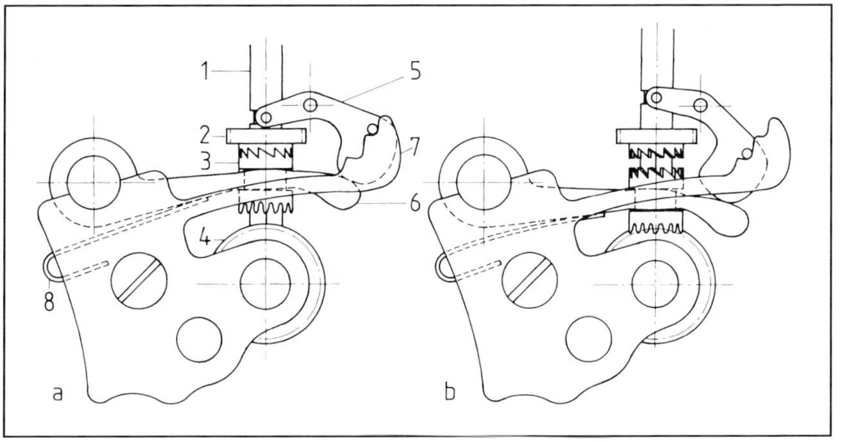

7.4 Kupplungsaufzug mit herausziehbarer Krone
a) Aufziehen, b) Stellen der Zeiger
1 Aufzugwelle, 2 Transmissionsrad, 3 Kupplungsrad, 4 Zeigerstellrad,
5 Winkelhebel, 6 Zeigerstellhebel, 7 Winkelhebelfeder, 8 Zeigerstellhebelfeder

In Abbildung 7.4 ist eine von mehreren Ausführungsformen des Kupplungsaufzugs erläutert. Der Winkelhebel 5 greift mit einem Stift in die Nut der herausziehbaren Aufzugswelle ein. Durch seine Drehung wird der Zeigerstellhebel 6 nach unten mitgenommen. Die Winkelhebelfeder 7, die hier zugleich Deckplatte zum Festhalten der beweglichen Teile des Zeigerstellmechanismus ist, hält den Winkelhebel in der einen oder anderen Stellung fest, indem ein Stift des Winkelhebels in eine von zwei Kerben der Feder einrastet.

Automatischer Aufzug

Bekanntlich sind zahlreiche moderne Armbanduhren mit einem automatischen Aufzug versehen, der die Bewegungen des Trägers dazu ausnutzt, die Zugfeder ständig in aufgezogenem Zustand zu halten. Weniger bekannt ist, dass die wesentliche Erfindung hierzu bereits im 18. Jahrhundert durch Abraham Louis Perrelet (1729–1820) gemacht wurde. Auf breiter Linie konnte sich diese Art des Aufzuges aber erst im Zeitalter der Armbanduhr durchsetzen. Gerade die an sich denkbar ungünstigen Tragebedingungen am Handgelenk, durch die die Uhr häufigen Bewegungen, Lageänderungen und Stößen ausgesetzt ist, haben sich hier als entscheidender Vorteil erwiesen.

Das Kernstück des automatischen Aufzugs ist eine etwa halbkreisförmige Scheibe (Abb. 7.5), deren Schwerpunkt weit außermittig liegt, und die sich oberhalb der Werkplatine drehen kann.

Sobald der Träger der Uhr sein Handgelenk bewegt, und das tut er ja fast ständig, wird sich diese Rotorscheibe durch Gewichts- und Trägheitskräfte getrieben drehen. Mittels eines eigenen Räderwerks wird nun diese Drehbewegung auf die Federkernwelle übertragen. Es gibt eine große Vielfalt verschiedener Ausführungsformen. Die Bewegung des Rotors kann durch Anschläge begrenzt sein oder beliebig über 360° hinaus gehen. Manche Systeme nutzen nur eine, andere beide Rotordrehrichtungen.

Für die Abbildung 7.6 wurde ein eher seltenes Beispiel mit einem außen gelagerten Rotor gewählt (Lagerung nicht dargestellt). Das hat den Vorteil, dass die Teile des automatischen Aufzugs besser zu sehen sind. Der Rotor ist mit einem innen verzahnten Zahnkranz 2 verschraubt, welcher die Rotordrehung über mehrere Zahnradstufen 3 bis 7 an das Rad 8 weitergibt, das auf der Federkernwelle sitzt und dessen Sperrkegel hier verdeckt ist. Anders als im Gehwerk einer Uhr untersetzen die Zahnräder hier die Bewegung vom Schnellen ins Langsame. Etwa im gleichen Umfang, wie sich die Drehgeschwindigkeiten von einer Stufe zur nächsten verringern, verstärkt sich das Drehmoment, sodass die am Rotor wirkende Kraft für das Aufziehen der Zugfeder ausreicht. Im gezeichneten Beispiel werden beide Drehrichtungen des Rotors für das Aufziehen genutzt. Das wird mit dem Rad 3 erreicht, das auf einem schwenkbaren Hebel gelagert ist und bei Abbildung 7.6a die Verbindung zwischen dem Rotorzahnkranz und dem Rad 4 herstellt. Bei Abbildung 7.6b hat sich die Drehrichtung des Rotors umgekehrt. Durch die Zahnkraft ist das Rad 3 nach oben mitgenommen worden, sodass es jetzt den Zahnkranz 2 mit dem Rad 5 verbindet. Es ist leicht einzusehen, dass die Räder 4 bis 8 in beiden Fällen die gleiche Drehrichtung haben. Durch den Sperrkegel bei 4 wird das gesamte Räderwerk am Rückdrehen gehindert.

Der Vorteil des automatischen Aufzugs liegt nicht nur in größerer Bequemlichkeit für den Benutzer, der sich um das regelmäßige Aufziehen seiner Uhr nun nicht mehr zu kümmern braucht, sondern auch darin, dass eine merklich größere Genauigkeit der Zeitmessung erreicht wird. Das liegt daran, dass die Ungenauigkeiten, die durch den unterschiedlichen Spannungszustand der Zugfeder verursacht werden, weitgehend ausgeschaltet sind.

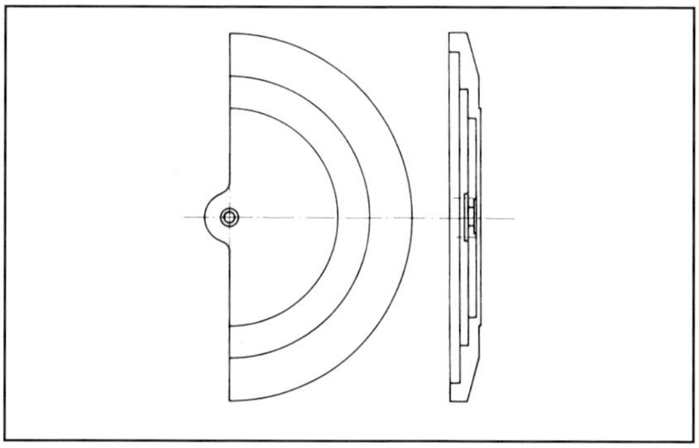

7.5 Aufzugrotor einerAutomatikarmbanduhr

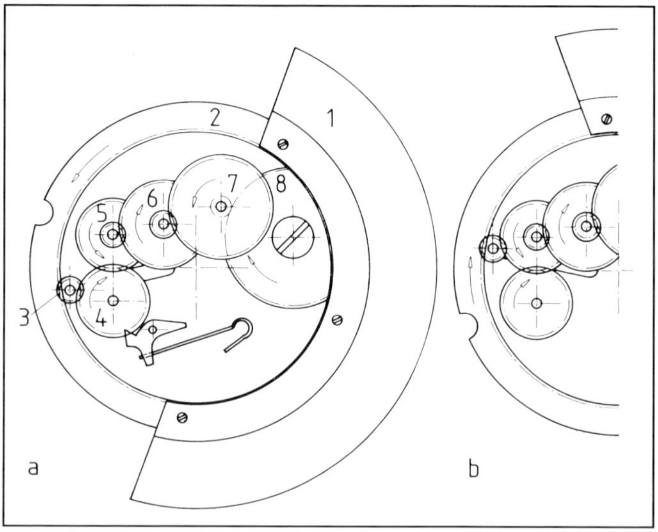

7.6 Automatischer Aufzug einer Armbanduhr
a) Linksdrehung des Rotors,
b) Rechtsdrehung, s. auch Erklärung im Text

Reparaturen

Allem Leben, allem Tun, aller Kunst
muß das Handwerk vorausgehen.
(Goethe)

Vorbemerkung

Übungsobjekte

Am Anfang dieses Kapitels soll eine Warnung stehen. Sicher wird niemand glauben, dass er sich durch das Lesen dieses Buches das Fachwissen eines Uhrmachers angeeignet hat, von dessen Erfahrung und handwerklichem Können ganz zu schweigen. Wenn hier also von Uhrenreparaturen die Rede ist, so möchte ich doch davor warnen, an einer Uhr herumzubasteln, die einen erheblichen Wert darstellt. Aus einleuchtenden Gründen sind auch die winzigen Damenarmbanduhren nicht die besten Übungsobjekte. Man kann aber auch an einer praktisch wertlosen alten Weckeruhr seine Bastelfreude haben und sich von da aus langsam hocharbeiten. Falls sich im Haushalt kein reparaturbedürftiger alter Wecker finden sollte, erzähle man seinen Freunden und Verwandten vom Interesse an mechanischen Uhren. Nach meiner Erfahrung gibt es davon eine Menge, von denen der Fachmann angeblich gesagt hat, dass keine Reparatur mehr möglich sei. Dabei kann man die verblüffendsten Überraschungen erleben. Es soll schon solche „irreparablen" Uhren gegeben haben, deren einziger Fehler darin bestand, dass sich die Zeiger ineinander verhakt hatten.

Fast immer wird sich die Reparatur in die Arbeitsgänge Zerlegen, Reinigen und Zusammensetzen gliedern. Oft ist damit auch schon alles getan, gelegentlich müssen aber fehlende Teile ersetzt oder beschädigte repariert werden. Dabei sind die Möglichkeiten eines Laien schon recht begrenzt. Doch selbst wenn eine Wiederherstellung der Funktionsfähigkeit nicht gelingen sollte, so ist ein Versuch doch lehrreich. Es gibt Uhrenfreunde, die grundsätzlich jede neu erworbene Uhr zerlegen und reinigen, weil sie nur so die Funktionsweise restlos kennenlernen, und weil sie bei dieser Gelegenheit Informationen gewinnen wie z. B. verborgene Signaturen oder Reparaturvermerke, die sonst unbekannt blieben.

Werkzeuge

Wie jedes Handwerk hat auch die Uhrmacherei ihre charakteristischen Werkzeuge. Was man sich davon beschaffen sollte, hängt natürlich ganz von den persönlichen Ambitionen ab. Für den Anfang genügen eine Lupe und ein Satz Schraubendreher. Weiterhin sind Werkzeuge zum Greifen kleiner Teile nötig, also eine schlanke Flachzange und eine spitze Pinzette. Sehr nützlich ist auch ein Stiftenkloben, in den sich runde Teile einspannen lassen.

Zerlegen

Das Zerlegen ist im Allgemeinen nicht schwierig, manch einem ist es schon als Kind gelungen. Dennoch können einige Hinweise vielleicht von Nutzen sein.

Damit man sich beim späteren Zusammensetzen nicht einem wirren Haufen von Teilen gegenüber sieht, deren Funktion man nicht mehr versteht, sollte man rechtzeitig Notizen und Skizzen anfertigen, eventuell das Uhrwerk auch in verschiedenen Schritten des Zerlegens fotografieren. Sehr zu empfehlen ist auch, diese Notizen später in ein „Reparaturbuch" zu übertragen, in dem dann auch die bei der Arbeit gemachten Erfahrungen festgehalten werden, die man dann später nutzbringend anwenden kann, auch wenn man nur über ein begrenztes Gedächtnis verfügt.

Äußerst ärgerlich ist es, wenn kleine Teile auf den Boden fallen, man viel Zeit mit der Suche vertut und sie am Ende dennoch nicht wieder findet. Um dieser Gefahr zu entgehen, gibt es einen leicht nachzumachenden Trick. Man trage bei der Arbeit eine Schürze, deren unteres Ende mit Haken und Ösen oder noch besser mit Klettband an der Unterkante des Werktisches befestigt wird. Teile, die in die so gebildete Tasche fallen, braucht man dann nicht lange zu suchen. Besonders tückisch verhalten sich allerdings die kleinen Drahtfedern aus den Zeigerstellmechanismen der Armband- und Taschenuhren, die ihre Elastizität gerne dazu missbrauchen, in die entferntesten Ecken zu springen. Hier ist also besondere Sorgfalt angebracht.

Dass man beim Zerlegen eines so empfindlichen Mechanismus, wie es ein Uhrwerk ist, keine rohe Gewalt anwenden darf, ist eigentlich selbstverständlich. Aber manche Teile sind fest aufgepresst, und es bedarf schon einiger Kraft, sie abzuziehen. Wenn dann das richtige Werkzeug fehlt, ist die Gefahr groß, dass man bei der Anwendung improvisierter Hebel etwas zerkratzt, verbiegt oder gar zerbricht.

Zum Lösen der Schrauben sollte man immer einen wirklich passenden Schraubendreher verwenden, sonst werden die Schraubenschlitze verschlissen, bekommen einen Grat und sehen hässlich aus. Die in Uhren viel verwendeten konischen Vorsteckstifte sind oft nur mit großer Anstrengung herauszuziehen. Viel einfacher lassen sie sich herausdrücken, wozu eine modifizierte Flachzange nützlich ist (Abb. 8.1). In die eine Backe der Zange wird ein rechteckiger Einschnitt gefeilt, der beim Austreiben auf das dickere und beim Eindrücken auf das dünnere Ende des Stiftes gesetzt wird. Die so veränderte Zange ist allerdings für andere Arbeiten kaum noch zu gebrauchen.

Niemand wird wohl eine gewichtgetriebene Uhr bei eingehängten Gewichten demontieren. Genauso muss auch bei einer federgetriebenen Uhr die Antriebskraft ausgeschaltet werden, bevor die Werkplatinen voneinander getrennt werden. Würde die gespeicherte Energie der Federn in dem Augenblick, in dem das Werk auseinanderfällt, schlagartig freigegeben, bestünde Gefahr für das Uhrwerk, aber auch für den leichtsinnigen Bastler. Ebenso selbstverständlich sollte sein, dass man das Pendel schon ganz zu Anfang ausgehängt hat, weil sonst die empfindliche Pendelfeder leicht beschädigt werden kann.

Zum Entspannen der Zugfeder setzt man den Aufzugsschlüssel auf, dreht ihn ein wenig in der Aufzugrichtung, damit der Sperrkegel freikommt, und hebt diesen aus der Zahnung des Sperrrades heraus. Nun lässt man vorsichtig und langsam

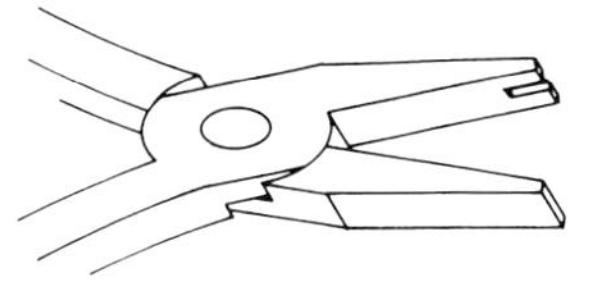

8.1 Modifizierte Zange zum Herausdrücken von Vorsteckstiften

die Feder sich entspannen, aber nach etwa einer halben Umdrehung gibt man den Sperrkegel frei, damit er die Feder wieder hält und die Finger den inzwischen verdrehten Schlüssel erneut greifen können. Das alles muss sorgfältig und bedächtig geschehen, denn wenn einem der Schlüssel aus der Hand gleitet, besteht Verletzungsgefahr. Sollte der Schlüssel verloren gegangen sein, muss man sich einen passenden besorgen, keinesfalls die Aufzugswelle mit der Zange zu fassen versuchen, denn die rutscht allzu leicht ab.

Reinigen

Für die Säuberung der Teile von Schmutz, altem Öl und Metalloxiden gibt es Reinigungsmittel zu kaufen, aber für den Bastler tut es auch die leicht selbst anzusetzende und preiswerte Lösung, die schon zu Zeiten der Großväter für Großuhren benutzt wurde. Dazu wird etwa ein Esslöffel flüssige Schmierseife oder eine entsprechende Menge Kernseife in einem Liter Wasser gelöst, was mit heißem Wasser besonders gut geht. In die Lösung gibt man dann noch einen kräftigen Schuss Salmiakgeist, ebenfalls etwa einen Esslöffel voll. Dabei sollte man die Luft anhalten, um ein Einatmen der Ammoniakdämpfe zu vermeiden, und das Vorratsgefäß sogleich wieder verschließen.

In dieser Brühe werden die Teile etwa 10 Minuten lang eingeweicht. Sie müssen dabei völlig bedeckt sein, sonst entstehen hässliche Ränder. Die Größe des Gefäßes, am besten aus Glas oder Kunststoff und verschließbar, muss also entsprechend abgestimmt sein. Die angegebene Einweichzeit muss nicht exakt eingehalten werden, sie hängt auch vom Grad der Verschmutzung ab. Die Teile dürfen aber nicht in der Lösung vergessen werden, etwa über Nacht, sonst wird das Messing angegriffen. Einmal benutzt ist die Lösung verbraucht, wie an der Trübung und am Bodensatz erkennbar sein dürfte. Übertriebene Sparsamkeit ist hier nicht angebracht.

Die beschriebene Reinigungsmethode darf nicht auf lackierte Teile angewendet werden, jedenfalls dann nicht, wenn die Lackierung nicht erneuert werden soll, denn der Lack wird ebenfalls entfernt, er geht in der Lösung regelrecht in Fetzen. Ebenfalls gefährdet sind Schlagwerkhämmer, deren Ledereinsatz in der Reinigungslösung zerstört wird.

Die eingeweichten Teile werden anschließend sofort unter fließendem Wasser abgespült und dabei gebürstet, um den gelösten Schmutz zu entfernen. Mit einer Zahnbürste geht es ganz gut. Schließlich muss die Feuchtigkeit entfernt werden. Bei großen Teilen, die nicht so leicht weggeblasen werden, kann man dazu einen Haartrockner, einen Föhn, benutzen. Kleinere werden in Alkohol getaucht, der das Wasser aufnimmt und mit ihm zusammen verdunstet. Hier ist Vorsicht bei solchen Teilen angebracht, bei denen Schellack als Klebemittel verwendet wurde, denn dieser ist in Alkohol löslich. Die Ankerpaletten und die Hebelsteine in Taschen- und Armbanduhren sind solche Teile, für die aber keine Gefahr besteht, wenn sie nur kurzzeitig in Alkohol getaucht werden.

Alle Lagerbohrungen in den Platinen, Brücken und Kloben müssen noch ausgeputzt werden, wobei auch die Ölsenkungen nicht zu vergessen sind, in denen sich leicht Verkrustungen festsetzen. Dazu wird ein Stück Putzholz – Zahnstocher und Schaschlikspieße tun es auch – mittels eines scharfen Messers zugespitzt, in die Bohrung eingeführt, darin gedreht und herausgezogen. Diese Prozedur wird so lange wiederholt, bis das Holz vollkommen sauber herauskommt. In ähnlicher Weise werden die Zahnzwischenräume der Triebe geputzt und auf Rostspuren untersucht. Solche können mit einem Poliermittel und mit Putzholz entfernt werden. Anschließend muss das betreffende Teil erneut gereinigt werden, um jeden Rest des Poliermittels wieder zu entfernen.

Bereits gereinigte Teile soll man nicht mehr mit den Fingern anfassen, was leichter gesagt als getan ist. Um Fingerabdrücke zu vermeiden, greift man die Teile mit der Pinzette oder schützt sie vor den Fingern mit Stücken von Seidenpapier. Die Radwellen werden am zuverlässigsten in einem Stiftenkloben gehalten.

Zusammensetzen

Wenn die Teile gereinigt, inspiziert und für einwandfrei befunden sind, ist die Zeit für den Zusammenbau gekommen, der meist mit der Platine beginnt, welche das Zifferblatt aufnimmt. Damit man sie nicht in der Hand halten muss, Fingerabdrücke hinterlässt und nur noch die andere Hand zur Verfügung hat, wird sie in geeigneter Weise fixiert.

Bei einem Regulatorwerk zum Beispiel dadurch, dass man den Werkschlitten aus dem Gehäuse ausbaut, auf ein Brett montiert und die Werkplatine mit den Originalschrauben darauf befestigt. Dieses Brett, mit einer Aufhängeöse versehen, ist später für einen Probebetrieb gut geeignet, weil man so in das Werk weit besser hineinsehen kann, als wenn die Uhr bereits in ihr Gehäuse eingebaut ist.

In die Lagerbohrungen werden die Radwellen und die übrigen Teile, die zwischen die Platinen gehören, in senkrechter Lage eingesetzt. Es ist nicht allzu schwer zu erkennen, wo die Teile hingehören und ob die Räder mit dem Trieb nach oben oder unten einzubauen sind, besonders, wenn man rechtzeitig Skizzen zu Papier gebracht hat[5]. Auch die zum Gehwerk und zum Schlagwerk gehörigen Räder sind gewöhnlich gut zu unterscheiden. Im schlimmsten Fall muss man eben etwas herumprobieren. Etwas knifflig kann aber das Aufsetzen der oberen Platine werden. Es gelingt natürlich nie, dass alle Lagerzapfen gleichzeitig in ihre Bohrungen schlüpfen. Man fängt an einer Seite an, dirigiert eine Welle nach der anderen vorsichtig mit der Pinzette an die richtige Stelle und bringt so die Platine Stück um Stück in ihre richtige Lage. Jede Gewaltanwendung ist zu vermeiden, denn die empfindlichen Wellenzapfen sind schnell verbogen, falls sie nicht gar abbrechen.

Ist nun die Platine mit ihren Muttern oder Vorsteckstiften gesichert, werden alle Lager mit einem Tröpfchen Öl versorgt. Wenn keine Ölsenkung vergessen wird, besteht kaum Gefahr, dass man zu wenig Öl gibt, eher im Gegenteil. Die Verzahnungen selbst bedürfen im Gegensatz zu einem Autogetriebe keiner Schmierung, hier hat also Öl nichts zu suchen. Wird das Öl in Ermangelung eines dazu bestimmten Ölgebers mit einem

5 Fotos von Digitalkameras bieten heute eine weitere Hilfe!

kleinen Schraubendreher aufgebracht, so ist darauf zu achten, dass dieser sauber ist. Selbst durch kleine Beimengungen von Fremdstoffen könnten die Eigenschaften des Öls verändert werden, und das wird kaum eine Verbesserung bedeuten. Es ist auch klar, dass nicht irgendein Öl, sondern spezielles Uhrenöl verwendet wird.

Die außerhalb der Platinen zu montierenden Teile bringen keine besonderen Schwierigkeiten. Zu beachten ist aber die richtige Zuordnung der Schlagwerkteile. Der Schlagwerkhammer darf in der Ruhelage noch nicht angehoben sein, muss beim Warnungsanlauf noch in Ruhe verharren und muss, ehe er sich endlich hebt, ein unbelastetes Anlaufen des Schlagwerks zulassen. Bis man die richtige Zuordnung der Schlagwerkteile gefunden hat, ist mitunter ein mehrmaliges Probieren erforderlich.

Reparieren[6]

Manche fehlende Teile lassen sich unschwer ersetzen. Schrauben, Vorsteckstifte, Darmsaiten, Zugfedern auch für alte Uhren kann man heute noch kaufen. Es gibt auch Zeiger und Zifferblätter unterschiedlicher Stilrichtungen ebenso wie Antriebsgewichte, Pendellinsen und Aufzugschlüssel.

Wenn aber wesentliche Teile eines Uhrwerks verlorengegangen oder beschädigt sind, etwa Zahnräder, ist ein Laie gewöhnlich am Ende seiner Möglichkeiten angekommen, falls er nicht das Glück hat, ein anderes „Uhrenwrack" des gleichen Kalibers auf einem Flohmarkt zu finden, bei dem gerade das fehlende Teil noch vorhanden und brauchbar ist. Natürlich gibt es Fachleute, die solche Teile gegen gutes Geld anfertigen, und es gibt Amateure, die es ebenfalls können. Die anderen aber sollten von einer Uhr, die so wertvoll ist, dass sie diesen Aufwand lohnt, lieber die Finger lassen und dem Fachmann die gesamte Reparatur übertragen.

An einer weniger wertvollen Uhr, bei der es zu verschmerzen ist, wenn die Reparatur nicht gelingen sollte, kann ein geschickter Bastler immerhin seine Kunst erproben, und hierfür sollen noch einige Anregungen gegeben werden.

Ist eine Uhr längere Zeit ohne Öl und in verschmutztem Zustand gelaufen, so kann es sein, dass die Lagerbohrungen zu Langlöchern oder Schlitzen ausgelaufen sind. Um einen solchen Schaden zu beheben, wird die Lagerbohrung mit einem hinreichenden Durchmesser ausgebohrt und beidseitig angesenkt. Die Mitte des ursprünglichen Lagers ist an der noch vorhandenen Ölsenkung gut zu erkennen. Diese Mitte wird mit zwei sich kreuzenden kurzen Linien angerissen, und die Bohrung so ausgeführt, dass sie dazu zentrisch bleibt. Gelingt das nicht auf Anhieb, hilft man mit der Rundfeile nach und bohrt mit etwas größerem Durchmesser nach. Nun wird das Loch mit einem Stück Messingdraht, das im Durchmesser passt und geringfügig länger als die Platine dick ist, verstopft und vernietet. In diesen Stopfen kann nun das neue Lager gebohrt und mit einer Ölsenkung versehen werden, wobei wiederum die zuvor angerissene Mitte als Anhalt dient. Alternativ kann in das ausgebohrte Lager eine Buchse eingepresst werden, die es nach Größen sortiert fertig zu kaufen gibt.

Ein leider ziemlich häufiger Schaden sind einzelne ausgebrochene Zähne an einem Federhaus. Wenn die Verzahnung nicht gar zu fein ist, kann die folgende Reparaturmethode angewendet werden.

Der schadhafte Abschnitt wird schwalbenschwanzförmig ausgeschnitten und ein genau hineinpassendes Messingteil vorbereitet. Das Reparaturstück muss vor allem auch innen einwandfrei passen, damit der Platz für die Zugfeder nicht eingeengt wird. Am Umfang dagegen, dort wo später die neuen Zähne entstehen sollen, lässt man etwas Bearbeitungszugabe stehen. Nun wird das Teil mit Weichlot eingelötet.

Eine Hartlötung würde zwar höhere Festigkeit ergeben, aber die dafür nötige hohe Temperatur würde dem Material seine durch Kaltverformung verliehene Härte nehmen.

Nach dem Erkalten wird das eingesetzte Stück am Umfang bis auf den Zahnkopfdurchmesser heruntergearbeitet, was bei nur wenigen zu ersetzenden Zähnen auch ohne Drehmaschine gelingen sollte. Nach dem Maß der gesunden Zähne wird nun die Teilung angerissen, und danach werden

6 Bitte auch die weitergehende Literatur beachten. Alle hier genannten Reparaturhinweise gelten eher für Großuhren. Taschen- und Armbanduhren sollten erst repariert werden, wenn Erfahrung mit den Reparaturtechniken vorliegt!

die Zähne mit Säge und Feile ausgeschnitten. Ihre Qualität wird zwar kaum an die der maschinell gefertigten Zähne heranreichen, aber bei sorgfältiger Arbeit wird sie ausreichen. Etwa noch notwendige Korrekturen werden nach einem Probeeinbau ausgeführt, bis Rad und Treib einwandfrei miteinander laufen.

Zeiger gibt es zwar in großer Mannigfaltigkeit zu kaufen, aber mitunter findet man gerade die gewünschte Form nicht. Wenn es nicht um die winzigen Zeiger für Taschen- oder Armbanduhren geht, ist die Selbstanfertigung nicht allzu schwer. Man zeichnet sich die Zeiger nach eigenem Entwurf oder nach historischem Vorbild auf Papier und klebt dieses vollflächig auf ein Stück nicht zu harten Stahlblechs von etwa 0,8 mm Dicke oder auf das sonst dazu ausgesuchte Material. So lange dieses noch genügend große Abmessungen hat, werden die Bohrungen ausgeführt und dann erst die vorgezeichnete Form mit einer Laubsäge ausgeschnitten.

Wenn nötig, werden die Schnittkanten mit der Feile versäubert und dann die Oberfläche mit immer feinerem Schleifpapier geschliffen, wobei das zuerst aufgeklebte Papier bald verschwindet. Zuletzt wird mit Nassschleifpapier der Körnung 600 unter Zugabe von etwas Öl gearbeitet und daran anschließend mit Polierpaste, bis eine Oberflächenglätte, so sauber, wie man sie eben erreichen kann, entstanden ist. Die Anfertigung der passenden Zeigerbuchsen ist leicht, wenn man eine Drehmaschine zur Verfügung hat, sonst kann es allerdings etwas knifflig werden.

Stahlteile in Uhren sind häufig gebläut, so z. B. Schrauben oder die gerade besprochenen Zeiger. Die blaue Farbe wird allein durch eine Wärmebehandlung erreicht. Zuvor aber müssen die Teile einwandfrei sauber und trocken sein, Rostspuren sind ebenso zu entfernen wie Fett oder Fingerabdrücke. Beim Erwärmen mit einem Lötbrenner kann man zusehen, wie der anfangs blanke Stahl seine Farbe ändert, bis die blaue Anlauffarbe erreicht ist. In diesem Augenblick schreckt man die Teile in Öl ab.

Die Schwierigkeit besteht darin, eine gleichmäßige Erwärmung zu erreichen und eine örtliche Überhitzung zu vermeiden. Das gelingt gut, wenn man, statt den Brenner direkt auf das Werkstück zu richten, dieses auf eine Unterlage aus Messing, etwa eine alte Platine, legt und von dort her indirekt erwärmt.

Präzisions-Sekundenpendeluhr mit springender Minutenanzeige und Vorrichtung zur Ansteuerung von Nebenuhren, sowie Quarz-Pendel, Anton Rapf, Wien, Nr. 154, Höhe 1450 mm, ca. 1925

Exkurs

Bei Erfindungen ist der Erste
immer derDumme;
den Ruhm kassiert der Zweite,
und das Geschäft macht erst der Dritte.
(Martin Kessel)

Von der mechanischen zur elektronischen Uhr

Angesichts der stürmischen Entwicklung der Elektrotechnik und insbesondere ihres jüngsten Zweiges, der Elektronik, wäre es erstaunlich, wenn sie nicht auch die Uhrentechnik erfasst hätte. Und in der Tat gibt es elektrische Zeitmesser etwa ebenso lange, wie es die Elektrotechnik gibt. Außer netzbetriebenen Synchronuhren sind hier vor allem drei Entwicklungsschritte zu unterscheiden.

Da sind zunächst Uhren durchaus herkömmlicher Bauart, bei denen aber das regelmäßige Aufziehen von einer elektrischen Einrichtung übernommen wird, weiter elektronische Uhren, also solche, die Halbleiterbauelemente benutzen, die aber von konventionellen Gangreglern gesteuert werden, und schließlich elektronische Uhren mit hochfrequenten Gangreglern, die in mechanischen Uhren nicht verwendbar wären.

Netzbetriebene Synchronuhren

Bei diesen werden die Zeiger über ein passendes Räderwerk mittels eines kleinen Synchronmotors angetrieben. Das ist ein Elektromotor, dessen Drehzahl von der Betriebsspannung und von der Belastung unabhängig ist und ausschließlich von der Frequenz des notwendigen Wechselstroms bestimmt wird.

Eine so angetriebene Uhr ist im eigentlichen Sinne überhaupt kein Zeitmesser, allenfalls ein Zeitanzeiger. Die Synchronuhr hat keinen eigenen Gangregler, sondern der Gang wird ihr von außen aufgezwungen. Da das Europäische Verbundnetz synchronisiert gefahren wird, also seine Frequenz durch Vergleich mit Präzisionsuhren immer wieder korrigiert wird, hat eine Synchronuhr einen hohen Gebrauchswert. Aber für den Uhrenfreund ist sie heute von geringem Interesse.

Uhren mit elektrischem Aufzug

Seit der Entwicklung kleiner, preiswerter und dabei leistungsfähiger galvanischer Batterien lag es nahe, diese auch zum Antrieb netzunabhängiger Uhren einzusetzen. Gewissermaßen als Vorstufe der heute so weit verbreiteten quarzgesteuerten Uhren gab es dabei eine große Vielfalt von Uhren mit einem Antrieb mittels Gewicht oder Zugfeder und gesteuert durch Pendel oder Unruh, also solche, die rein mechanischer Natur waren, bei denen lediglich das regelmäßige Aufziehen von einer elektrisch betriebenen Vorrichtung übernommen wurde.

Der Vorteil ist offensichtlich. So lange der Energievorrat der Batterie anhält, etwa ein Jahr lang und häufig länger, braucht sich der Besitzer um seine Uhr nicht zu kümmern, außer bei einer gelegentlichen Korrektur von Gangfehlern. Bei einer federgetriebenen Uhr kommt als weiterer Vorteil hinzu, dass von der nicht konstanten Federkraft verursachte Gangfehler dadurch ausgeglichen werden, dass die Feder sehr oft, z. B. jede Minute, aufgezogen wird. Im Laufe eines Tages arbeitet die Feder also immer wieder im gleichen Bereich ihrer Kennlinie.

Abbildung 9.1 (S. 84) zeigt den Antrieb einer elektromechanischen Uhr mit Gewichtsantrieb. Das Gewicht 1 hängt hier an keiner Kette oder Darmsaite, sondern es wirkt mittels des gekröpften Hebels, an dessen Ende es montiert ist, auf das Antriebsrad 2. Dieses hat eine feine Verzahnung in der Art eines Sperrrades und wird mittels der als Blattfeder ausgebildeten Antriebsklinke 3 mitgenommen. Wenn der Hebel mit dem Gewicht sich um einen Winkel von etwa 45° gesenkt hat, berühren sich die beiden Kontakte 5, und da-

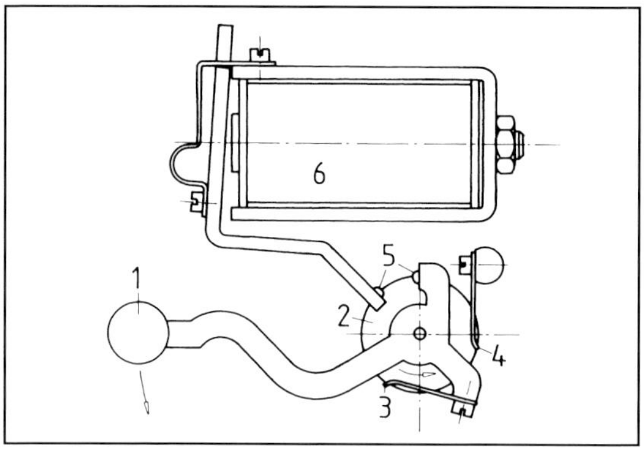

9.1 Antrieb einer elektromechanischen Uhr
1 Antriebsgewicht, 2 Antriebsrad, 3 Mitnehmerfeder, 4 Sperrfeder, 5 Kontakte, 6 Elektromagnet

durch wird der Stromkreis geschlossen, der den Elektromagneten 6 aktiviert. Dieser zieht seinen Anker an und lässt den Hebel hochschnellen, wobei eine Sperrfeder 4 ein Zurückdrehen des Antriebsrades verhindert. Dadurch ist die Uhr wieder aufgezogen und der Stromfluss unterbrochen. Das Gewicht kann klein sein, da die in ihm gespeicherte Energie nur für einen kurzen Betrieb der Uhr reichen muss. Auch das Räderwerk wird besonders einfach gebaut. Weil das Antriebsrad sich verhältnismäßig schnell dreht, reichen zwei Zahnradstufen für die Übersetzung bis zum Hemmungsrad.

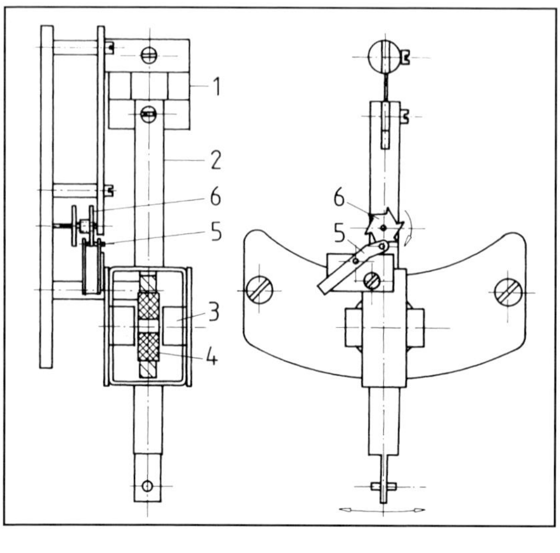

9.2 Pendeluhr mit elektronischer Steuerung
1 Pendelfeder, 2 Pendel, 3 Permanentmagnet, 4 doppelte Spule, 5 Antriebsklinke, 6 Klinkenrad

Bei ähnlichen Konstruktionen wird, statt ein Gewicht immer wieder „hochzuschießen“, eine Zugfeder gespannt, die aus den beschriebenen Gründen zart und schwach sein darf. Statt des Elektromagneten kann auch ein kleiner Gleichstrommotor verwendet werden. Aber immer ist das Prinzip gleich: Eine rein mechanische Uhr wird durch kurzfristige Stromentnahme aus der Batterie in geringen Zeitabständen aufgezogen.

Mechanische Uhren mit elektronischer Steuerung

Ein weiterer Entwicklungsschritt ging dahin, den Gangregler selbst in das elektrische System einzubeziehen. Das gelingt z. B. durch das Anbringen von Permanentmagneten auf die Unruh oder den Pendelstab, die bei der Schwingungsbewegung an feststehenden, aus feinem Kupferdraht gewickelten Spulen vorbei gehen.

Abbildung 9.2 zeigt eine solche pendelgesteuerte Uhr. Hier ist in den Pendelstab 2, an den unten das eigentliche Pendel eingehängt wird, ein rechteckiger Rahmen eingebaut, in dessen Innerem zwei Dauermagnete 3 liegen. Zwischen diesen liegt eine Spule 4, die in einen feststehenden Spulenträger aus Kunststoff eingelassen ist. Bei jeder zweiten Halbschwingung dreht eine beweglich auf dem Pendel montierte Antriebsklinke 5 ein sternförmiges Klinkenrad 6 um einen seiner sechs Zähne weiter. In der Abbildung geschieht das bei der Pendelbewegung nach links.

Beim Rückschwung verhindert ein ebenfalls sternförmiges Sperrrad in Verbindung mit einem Sperrkegel das Rückdrehen. Über ein Räderwerk wird nun die Drehung der Klinkenradwelle passend übersetzt auf die Zeiger übertragen. Dieses Räderwerk ist in Abbildung 9.2 nicht gezeichnet. Es ist natürlich zwischen den beiden Platinen zu denken und sieht nicht viel anders aus als bei jeder mechanischen Uhr. Dennoch gibt es einen Unterschied. Bei einer konventionellen Uhr kommt der Antrieb von der am langsamsten umlaufenden Welle, und die Zahnradstufen übersetzen ins Schnelle bis hin zum Gangrad der Hemmung. Hier dagegen wird der Gangregler selbst, nämlich das Pendel, durch die Wirkung magnetischer Kräfte angetrieben, und die Zahnradstufen untersetzen ins Langsame bis zum Minutenrad. Das Zeigerwerk, das die weitere Untersetzung für den Stundenzeiger besorgt, ist dann wieder ganz normal.

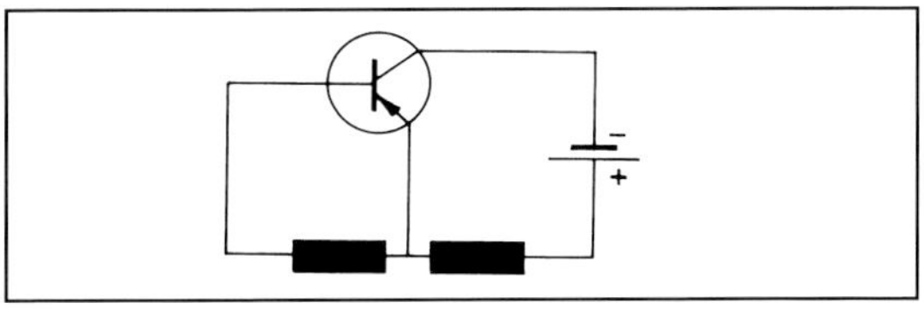

9.3 Vereinfachtes Schaltbild der Uhr von Abb. 9.2

In ganz ähnlicher Weise wie hier bei einer Pendeluhr ist das Prinzip auch auf unruhgesteuerte Uhren anwendbar. In diesem Fall wird eine doppelte Unruh verwendet, auf deren beiden Reifen die Dauermagnete sowie Ausgleichsmassen zur Korrektur der Schwerpunktlage angebracht sind. Auch hier liegt zwischen beiden Magneten die Spule.

Abbildung 9.3 zeigt ein vereinfachtes Schaltbild. Der im linken Stromkreis liegende Teil der Spule dient als Steuerspule. Wegen des Vorbeischwingens der beiden Dauermagnete liegt sie im Bereich eines sich ändernden Magnetfeldes. Und dadurch werden in der Spule Spannungsstöße induziert, die bei Annäherung und Entfernung der Magnete eine unterschiedliche Polung haben. Im Uhrzeigersinn kann durch den linken Stromkreis kein Strom fließen, da das Halbleitermaterial des Transistors in dieser Richtung nichtleitend ist. Der entsprechende Spannungsstoß bleibt deshalb wirkungslos. In der entgegengesetzten Richtung hat der Transistor dagegen nur einen geringen Widerstand, sodass Strom fließen kann, und dieser macht den Transistor auch für den zweiten Stromkreis leitend, sodass jedes Mal, wenn sich das Pendel mit seinen beiden Magneten der Gleichgewichtslage nähert, kurzzeitig Strom aus der Batterie durch die rechts gezeichnete Antriebsspule fließt und in ihr ein Magnetfeld erzeugt. Dieses Magnetfeld führt in Wechselwirkung mit demjenigen der beiden Permanentmagnete dem Pendel die nötige Energie zu, um es trotz der Reibungsverluste in seiner Eigenfrequenz schwingen zu lassen. Eine Uhr dieses Prinzips könnte statt des Transistors auch mit einem Relais gesteuert werden.

Wegen der häufigen Schaltvorgänge wären jedoch die mechanischen Kontakte raschem Verschleiß unterworfen. Die Zuverlässigkeit und die Lebensdauer der Uhr wären weit geringer.

Elektronische Uhren mit hochfrequenten Gangreglern

Die eben gemachte Bemerkung gilt verstärkt, wenn Gangregler hoher Frequenz verwendet werden. Abbildung 9.4 zeigt die Elektronikeinheit einer Armbanduhr mit einer Stimmgabel als Gangregler. Während die Unruh einer konventionellen Uhr gewöhnlich 5 Schwingungen in der Sekunde ausführt, schwingt die Stimmgabel mit einer Frequenz von 360 Hz. Die damit erreichte Ganggenauigkeit garantiert Abweichungen von weniger als einer Minute im Monat.

Die Wirkungsweise ist der jener zuvor beschriebenen Uhr sehr ähnlich. An den Zinkenenden der Stimmgabel sind Dauermagnete ange-

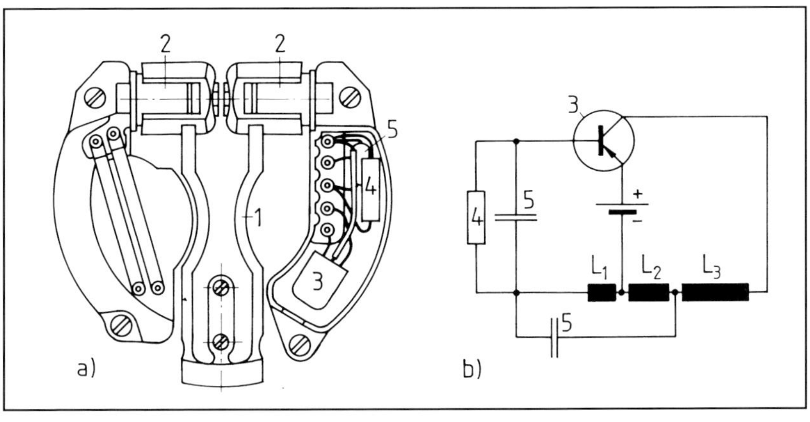

9.4 Elektronische Einheit einer Stimmgabelarmbanduhr
a) Unterzifferblattansicht, b) Schaltbild
1 Stimmgabel, 2 Spulen, 3 Transistor, 4 Widerstand, 5 Kondensatoren, +/-Batterie, L1 Steuerspule, L2 kleine Antriebsspule, L3 große Antriebsspule

bracht, die mit den feststehenden Spulen in Wechselwirkung treten. Eine von beiden Spulen enthält eine Steuerwicklung, die den Transistor im Takt der Stimmgabelschwingung für den Stromkreis, der die beiden Antriebsspulen enthält, leitend macht. Die Stimmgabel wird somit elektromagnetisch zum Schwingen in ihrer Eigenfrequenz angeregt. An einer der beiden Gabelzinken ist eine Antriebsklinke angebracht, die ein Klinkenrad bei jeder Schwingung um einen Zahn weiterdreht. Dieses Rad ist ein wahres Wunder feinwerktechnischer Präzisionsfertigung. Es hat bei einem Durchmesser von 2,4 mm 300 Zähne. Eine derart feine Zahnung ist nötig, weil die Amplitude der Stimmgabel und damit der Hub der Antriebsklinke nur sehr gering ist.

Elektronische Quarzuhren

Gewisse Kristalle, z. B. Quarz, werden durch Druck oder Zug in entgegengesetztem Sinne elektrisch polarisiert (Piezoeffekt). Umgekehrt ruft ein an den Kristall angelegtes elektrisches Feld je nach der Feldrichtung ein Zusammendrücken oder ein Dehnen hervor (reziproker Piezoeffekt oder Elektrostriktion). Daher führt ein solcher Kristall in einem elektrischen Wechselfeld eine erzwungene Schwingung aus, die bei Resonanz zwischen der Frequenz des Wechselfeldes und der Eigenschwingung des Kristalls am stärksten ist. Die von solchen Schwingquarzen gesteuerten Uhren haben Ganggenauigkeiten, die diejenigen der besten mechanischen Uhren weit in den Schatten stellen.

Die ersten Quarzuhren für den Gebrauch in wissenschaftlichen Observatorien sind in den Jahren 1933 und 1934 entwickelt worden. Sie waren ortsfest und hatten beträchtliche Abmessungen. Durch die großen Fortschritte der Halbleitertechnologie ist es gelungen, hochintegrierte Schaltungen in einem einzigen preiswerten „Chip“ unterzubringen, und so sind die heutigen Quarzarmbanduhren möglich geworden.

Die Quarzplättchen in diesen Uhren schwingen gewöhnlich mit 32.768 Hz. Diese Frequenz wird durch Frequenzteiler immer wieder halbiert, bis eine elektrische Schwingung mit nur noch einem Zyklus je Sekunde entsteht. In einer Analoguhr wird diese Schwingung dazu genutzt, mittels eines Schrittschaltwerks die Zeiger anzutreiben, in einer Digitaluhr dagegen wird sie durch elektronische Schaltkreise auf die Anzeigesymbole einer Flüssigkristallanzeige übertragen.

Als Flüssigkristalle werden bestimmte organische Verbindungen bezeichnet, die auch im flüssigen Aggregatzustand noch teilweise kristallines Verhalten zeigen. Setzt man eine solche Flüssigkeit einem elektrischen Feld aus, so ändern sich ihre optischen Eigenschaften. Die sonst klare durchsichtige Flüssigkeit wird milchig trübe und erscheint im auffallenden Licht dunkel. Unter Ausnutzung dieses Effekts werden Flüssigkristallzellen aufgebaut (Abb. 9.5), wobei durch entsprechende Ausbildung der Deckflächen beliebige Symbole darstellbar sind.

Eine quarzgesteuerte Digitaluhr mit Flüssigkristallanzeige hat ein rein elektronisches Werk ohne mechanisch bewegte Teile. Die Lebensdauer ist hoch und der Energieverbrauch gering, sodass der Batteriewechsel nur in großen Abständen nötig wird. Die Nützlichkeit solcher Uhren, die überdies noch hohe Ganggenauigkeiten aufweisen und preiswert zu haben sind, ist deshalb kaum zu bestreiten. Eine andere Frage ist freilich, ob sie jemals dem Uhrenliebhaber solche Freude machen werden wie ihre mechanischen Vorgänger.

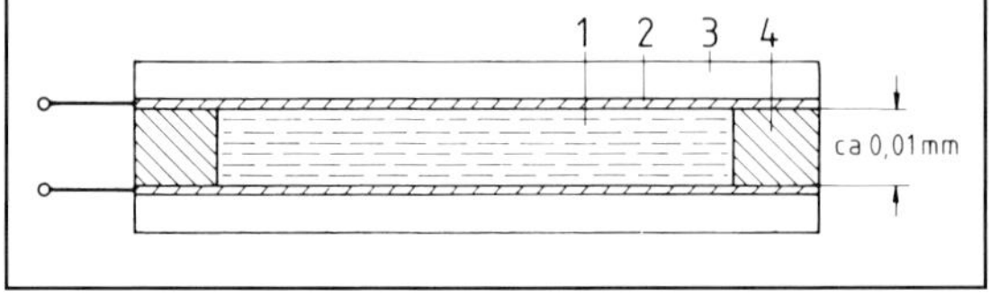

9.5 Flüssigkristallzelle
1 flüssigkristalliner Stoff, 2 Zinnoxidschicht, 3 Glas, 4 Abstandshalter

Begriffserklärungen

Chronograph (Zeitschreiber)

eine Uhr, deren (Sekunden)-Zeiger mittels eines Drückers gestartet und gestoppt werden kann, ohne dass die Funktion der normalen Zeitanzeige gestört wird.

Chronometer

Uhr hoher Genauigkeit, die nach einer offiziellen Prüfung bescheinigt wird.

Drehmoment

Produkt aus Kraft und Hebelarm (Einheit Nm). An einem Zahnrad entsteht z. B. ein Drehmoment, das sich als Produkt aus der in Umfangsrichtung liegenden Komponente der Kraft und aus dem Radius des Rades berechnen lässt. Im Räderwerk einer Uhr werden die Drehmomente von einer Zahnradstufe zur nächsten kleiner, weil der Radius des Triebs bei jeweils gleicher Kraft kleiner ist als der Radius des antreibenden Rades. Im gleichen Maße werden die Drehgeschwindigkeiten größer.

Elastizitätsmodul

Stoffeigenschaft, die beschreibt, mit welcher Formänderung ein elastischer Körper auf angreifende Kräfte reagiert. Elastisch verhält sich ein fester Körper, wenn er nach dem Wegfall verformender Kräfte in seine Ausgangsform zurückkehrt. Der Elastizitätsmodul gibt die effektive Zugspannung (Zugkraft dividiert durch die Querschnittsfläche) an, die einen Probestab auf seine doppelte Länge dehnen würde, auch wenn die wenigsten Stoffe bis zu derartig großen Zugspannungen elastisch bleiben (Einheit N/mm^2).

Ergänzungsbogen

Damit bezeichnet man einen Bogen, den ein Uhrenpendel oder eine Unruh noch zurücklegt, nachdem die Hemmung sie freigegeben hat.

Evolvente

Denkt man sich einen Faden mit einem Ende auf einer Kurve befestigt, so beschreibt das andere Ende des straff gehaltenen Fadens beim Abwickeln eine Evolvente.

Federkennlinie

Diagramm, das den Zusammenhang zwischen der Kraft oder dem Drehmoment einer Feder und dem Federweg beschreibt. Die Zugfeder einer Uhr hat eine S-förmig gebogene Kennlinie.

Gangregler

Der Teil einer Uhr, der den gleichmäßigen Ablauf sichert. In einer mechanischen Uhr dient ein Pendel oder eine Unruh als Gangregler, in einer elektronischen erfüllt ein Schwingquarz den gleichen Zweck.

Gewichtskraft

ist die Kraft, mit der sich Körper und Erde gegenseitig anziehen. Die Gewichtskraft (ortsabhängig) ist zur Masse (ortsunabhängig) des Körpers proportional, aber nicht mit dieser zu verwechseln. Den Zusammenhang zwischen beiden Größen stellt die Erdbeschleunigung g ($\approx 9{,}8\ m/s^2$, ortsabhängiger Faktor) her. $F_G = m \cdot g$ (Einheit: Newton, N)

Harmonische Schwingung

Schwingungsvorgang, bei dem eine Rückstellkraft auftritt, die zur Auslenkung aus der Ruhelage proportional ist. Eine gute Annäherung bildet ein Federpendel.

Hier besteht die Rückstellkraft in der elastischen Kraft der ausgelenkten Feder. Das Bewegungsgesetz einer harmonischen Schwingung wird durch eine Sinus-Funktion beschrieben.

Hemmung

Der Teil einer Uhr, der die Verbindung zwischen dem Räderwerk und dem Gangregler herstellt. Die Hemmung erzwingt einen vom Gangregler gesteuerten Ablauf des Räderwerks und führt dem Gangregler genügend Energie zu, um seine Schwingungsbewegung trotz der Reibungsverluste in Gang zu halten.

Isochronismus (Zeitgleichheit)

Eine Schwingung ist isochron, wenn ihre Frequenz unverändert bleibt und insbesondere nicht von der Amplitude (Schwingungsweite) und weiteren störenden Faktoren abhängt.

Keplersche Gesetze

Die von Johannes Kepler (1571–1630) entdeckten Gesetze der Planetenbewegung:

1. Die Planetenbahnen sind Ellipsen, deren einen Brennpunkt der Sonnenschwerpunkt bildet.
2. Der Strahl vom Sonnen- zum Planetenschwerpunkt überstreicht in gleichen Zeiten gleich große Flächen.
3. Die Quadrate der Umlaufzeiten verhalten sich zueinander wie die dritten Potenzen der großen Halbachsen der Bahnellipsen.

Kraft

Physikalische Größe (Einheit N). Es gibt Kräfte unterschiedlicher Herkunft: Gewichtskräfte, Federkräfte, magnetische Kräfte usw.

Masse

Eigenschaft der Körper (Einheit kg). Je größer die Masse, um so größer ist die Trägheit eines Körpers und um so größer auch die Kraft, mit der er von anderen Körpern, z. B. der Erde, angezogen wird.

Pendel, mathematisches

Abstraktes, gedankliches Modell eines Pendels, das aus einer punktförmigen Masse an einem masselosen Faden besteht. Das Schwingungsverhalten eines wirklichen Pendels lässt sich mit Hilfe des mathematischen Pendels ziemlich genau beschreiben.

Schwerpunkt

Der Punkt eines Körpers, von dem man sich vorstellen kann, dass in ihm die resultierende Gewichtskraft angreift, ohne dass die Wirkung der in Wirklichkeit gleichmäßig über die Masse verteilt wirkenden Kräfte auf den Gesamtkörper verändert wird.

Trägheit

Eigenschaft der Körper, die sie veranlasst, in ihrem Bewegungszustand der Ruhe oder der geradlinigen unbeschleunigten Bewegung zu verharren, so lange keine äußeren Kräfte eine Änderung erzwingen. Die Trägheit eines Körpers ist eine Folge seiner Masse.

Trägheitsmoment

Physikalische Größe, die bei Drehbewegungen eine ähnliche Rolle spielt wie die Masse bei translatorischen (drehungsfreien) Bewegungen.
Das Trägheitsmoment eines Körpers hängt vom Quadrat des Abstandes seiner Teile vom Drehpunkt und von deren Masse ab (Einheit kg m^2).

Zeit

Physikalische Grundgröße (Einheit s). Zeit ist das, was mit Uhren gemessen wird.

Zeitgleichung

Differenz zwischen der „wahren Sonnenzeit“ und der über ein Jahr gemittelten „mittleren“ Zeit, die dem alltäglichen Leben zugrunde liegt.

Zykloide (Rollkurve)

Eine Kurve, die durch das Abrollen eines Kreises auf einer Leitlinie entsteht.

Abbildungen

1 Regulatorwerk sign. Brockbank and Atkins, ca. 1860, Gewichtsantrieb mit Hilfsantrieb und Gegengesperr, Graham-Hemmung

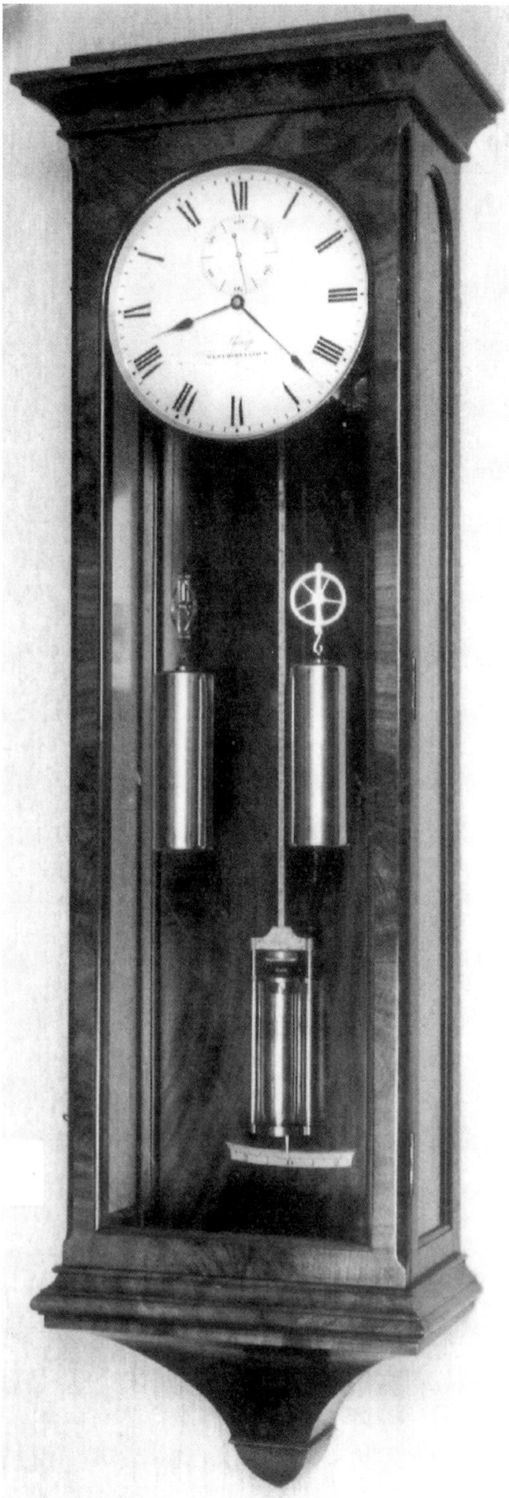

2 Englischer Wandregulator sign. Sharp London, Gewichtsantrieb mit losen Umlenkrollen, Quecksilberkompensationspendel

3 „Incabloc“-Stoßsicherung; die lyraförmige Feder ist geöffnet, Loch und Deckstein sind ausgebaut

4 Werkansicht einer Taschenuhr mit Einzelbrücken

5 Turmuhr aus dem 16. Jahrhundert mit Spindelhemmung und innen verzahnter Schlossscheibe, das Aufzugsystem mit der „Fahrradkette“ ist eine spätere Zutat (um 1900)

6 Turmuhr (16. Jahrhundert), ursprünglich mit Spindelhemmung, später auf Hakengang umgebaut

7 Kaminuhr mit sichtbarer Brocot-Hemmung, um 1885

8 Hemmungspartie einer Taschenuhr mit chinesischer Duplexhemmung. Die Unruh ist ausgebaut, um das Gangrad besser sichtbar zu machen

9 Werkansicht einer Taschenuhr mit Ankerhemmung und Breguet-Spirale (A. Lange & Söhne, Glashütte)

10 Marinechronometer (F. Tiede Berlin N° 376, um 1860), kardanische Aufhängung im Mahagonikasten

11 Werkansicht des Chronometers von Bild 10

12 Tourbillon, sign. G. Daniels London, 1972, mit dem zugehörigen Aufzugschlüssel

13 Werkansicht des Tourbillons von Bild 12, zwei direkt wirkende Federhäuser, Ein-Minuten-Tourbillon, Earnshaw-Chronometerhemmung

14 Taschenuhr (sign. J. W. Benson London), um 1900, Auf- und Abwerk, ewiger Kalender mit Anzeige von Tag, Wochentag, Monat und Jahr im Vierjahreszyklus, Mondphasenanzeige

15 Werkansicht einer Taschenuhr mit Doppel-Chronograph von Le Coultre, Le Sentier, um 1900

16 Werk einer Haagse Klok mit Schlossscheiben-Schlagwerk (P. Visbach, um 1680)

17 Unterzifferblattansicht einer Taschenuhr mit Wippenaufzug (S. Better)

18 Werk einer englischen Großuhr mit Rechenschlagwerk (2. Hälfte 18. Jahrhundert)

19 Zeigerstellmechanismus einer Taschenuhr mit Kupplungsaufzug, oben in der Stellung zum Aufziehen der Zugfeder, unten zum Stellen der Zeiger

20 Werk einer modernen Armbanduhr mit automatischem Aufzug (Patek Philippe, Genf), oben Zifferblattseite mit dem Kalenderwerk, unten Werkseite mit dem Aufzugrotor

21 Schwarzwalduhr in „Bahnhäusleform“ mit Kuckuck und Wachtel (um 1880)

Literaturhinweise[7]

Aichelburg, P. C. (Hrsg.): Zeit im Wandel der Zeit, 1988, ISBN 3528089180

Brinkmann, H.: Die Uhrmacherschule, Einführung in die Uhrenlehre, 1979, ISBN 3341003568

Hampel, H.: Automatic Armbanduhren aus der Schweiz, 1992, ISBN 3766710222

Horlbeck, M. Lexikon der Uhrenmarken, ISBN 9783868520224

Jendritzki, H. u. a.: Die Armband- und Taschenuhr in der Reparatur, 2007, ISBN 9783980955713

Jendritzki, H.: Der moderne Uhrmacher, 1962, ISBN 978981046168

Koch, R.: (Hrsg.): BI-Lexikon Uhren und Zeitmessung, 1989,

Krug, G.: Mechanische Uhren, 1987, ISBN 3874200108 (wird z. Zt. neu bearbeitet)

Lang, G.-R.; Meis, Reinhard: Chonographen Armbanduhren, 1990, ISBN 3323001001

Landrock, H. :Alte Uhren neu entdeckt,, Thun u. Frankfurt a. M. 1982

Lehotzky,: Technische Grundlagen der mechanischen Uhren. Von der Turm- bis zur Armbanduhr, 2006, ISBN 9783980955737

Mann, H.: Portrait einer Taschenuhr. Kleine Uhrenkunde für Liebhaber, 2010, ISBN 83868520194

Meis, R.: Taschenuhren. Von der Halsuhr zum Tourbillon, 1990, ISBN 3766704842

Osterhausen, F. v., Das große Uhren Lexikon, ISBN: 3898804305

Reutebuch, R.: Der Uhrmacher, 1951, ISBN 9783980955775

Smith, E.: Reparieren alter Uhren,1985, ISBN 3766703765

Spiegl, Walter: Taschenuhren. Vom Nürnberger Ei zur Präzisionsuhr, 1985, ISBN 357015534X

Stern, M. (Hrgs.), Lehrbuch für das Uhrmacherhandwerk Band 1, ISBN 9783868522884

Stern, M. (Hrgs.), Lehrbuch für das Uhrmacherhandwerk Band 2, ISBN 9783868523317

Zeitschrift „Alte Uhren und moderne Zeitmessung“, heute „Klassik Uhren“.

Internet

Weitere Uhrenliteratur finden Sie unter:
www.uhrenliteratur.de

Viele Informationen und weiterführende Links finden Sie unter:
www.info-uhren.de

Die besten Animationen rund um die Uhrentechnik finden Sie unter:
www.uhrentechnik.de

Abbildungsnachweis

- Bobinet, London 12, 13
- Galerie Koller, Zürich 9, 17
- Gold, A., Aachen 14
- Habinger, O., München 8
- Herre, V., Leipzig 10, 11
- Meis, R., Konstanz 7
- Patek Philippe, Genf 20a, b
- Reichsmuseum Amsterdam 16
- Roberts, D., Tonbridge 1, 2
- Schmidt, B., Turmuhrensammlung Gelnhausen 6
- Uhrenmuseum Furtwangen 21
- Uhrenstube Rockenhausen 5
- Verlagsarchiv Callwey 3, 4, 18, 19a, b
- Wirth, U., Berlin 15
- Die Strichzeichnungen wurden vom Autor angefertigt.
- Neu dazugekommen (2011): Auktionen Dr. H. Crott S. 30, S. 60, S. 82 – herzlichen Dank!

7 Die Literaturhinweise wurden auf den Stand von 2011 gebracht!

Historische Uhrenbücher

Alle Infos über unsere Reprints und Neuerscheinungen unter:
www.uhrenliteratur.de

Eine kleine Auswahl:

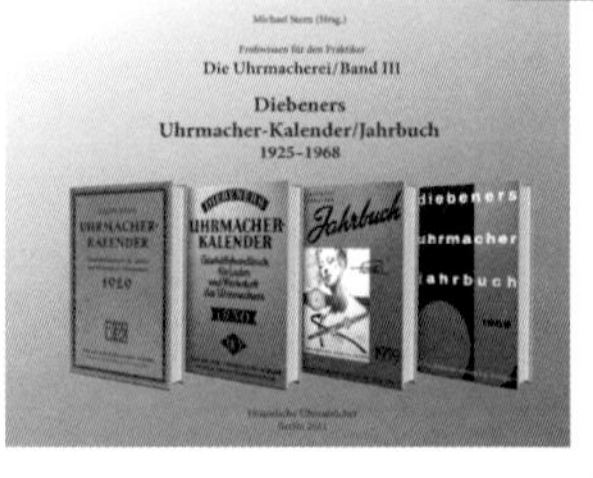

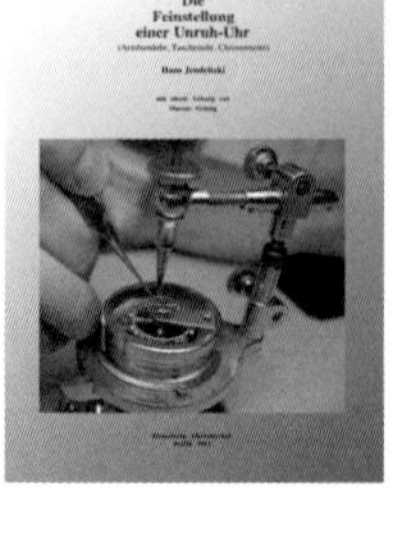

- *Jendritzki/Stern*
  Der Uhrmacher an der Drehbank
  DIN A4, ISBN 3-9809557-0-2

- *Jendritzki/Stern/Heydt*
  Die Armband- und Taschenuhr in der Reparatur –
  Handbuch für Uhrmacher und Uhreninteressierte
  ISBN 3-9809557-1-0

- *Lehotzky*
  Technische Grundlagen der mechanischen Uhren von der Turm- bis zur Armbanduhr
  ISBN 3-9809557-3-7

- *Stern*
  Die Uhrmacherei Bd. I
  ISBN 978-3-9810461-3-7

- *Petzold*
  Die Uhrmacherei Bd. II
  Das Handwerk des Uhrgehäusemachers
  ISBN 978-3-941539-02-0

- *Stern (Hrgs.)*
  Die Uhrmacherei Bd. III
  Diebeners Uhrmacher-Kalender/Jahrbuch 1925–1968
  ISBN 978-3-941539-20-4

- *Jendritzki*
  Die Feinstellung einer Unruh-Uhr
  ISBN 978-3-941539-15-0

- u. v. m.

Historische Uhrenbücher
Florian Stern
Baseler Str. 83A
12205 Berlin
Deutschland
www.uhrenliteratur.de
bestellung@uhrenliteratur.de
AB: 0049 (0)30 83203842
Fax: 0049 (0)30 83202674

Register

Grundlegende Kenntnisse der Uhrmacherei
144 Seiten, zahlreiche Abbildungen und Grafiken, gebunden
€ (D) 17,99 / € (A) 17,99
ISBN 9783958432215

Das große Uhren Lexikon
376 Seiten, 500 Abbildungen, 175 x 245 mm, Hardcover
€ (D) 39,95 / € (A) 41,10
ISBN 9783898804301

Leitfaden für die Uhrmacherlehre
554 Seiten, ca. 200 Illustrationen, 148 x 210 mm, gebunden
€ (D) 24,99 / € (A) 25,70
ISBN 9783958430358

Der Uhrmacher am Werktisch
Hand- und Nachschlagebuch für den Taschen- und Armbanduhren-Reparateur
452 Seiten, über 400 Abbildungen, 175 x 245 mm, gebunden
€ (D) 24,99 / € (A) 25,70
ISBN 9783868526455

Grundriß vom Aufbau einer Uhr
Handbuch für den Uhrmacherlehrling
268 Seiten, ca. 200 Illustrationen, 148 x 210 mm, gebunden
€ (D) 24,99 / € (A) 25,70
ISBN 9783868528299

Die Großuhr
Pendule, Regulator & Co.
220 Seiten, ca. 270 größtenteils farbige Abbildungen und Grafiken, 173 x 245 mm, gebunden
€ (D) 29,95 / € (A) 30,80
ISBN 9783868528879

Die Uhrmacherlehre
340 Seiten, 169 Illustrationen, 140 x 220 mm, gebunden
€ (D) 24,99 / € (A) 25,70
ISBN 9783898806602

Das ABC des Uhrmachers
Ein Lexikon zum täglichen Gebrauch in Laden und Werkstatt
264 Seiten, 143 x 195 mm, Hardcover
€ (D) 19,99 / € (A) 20,50
ISBN 9783958435858

Erhältlich in jeder Buchhandlung oder unter www.heel-verlag.de

Fachkunde für Uhrmacher
272 Seiten, 175 x 245 mm, Hardcover
€ (D) 28,– / € (A) 28,80
ISBN 9783966641081

Die deutschen Uhrenmarken im Porträt
160 Seiten, ca. 365 farbige Abbildungen, 222 x 277 mm, gebunden
€ (D) 19,90 / € (A) 21,90
ISBN 9783958431584

Die erfolgreichsten Armbanduhren
256 Seiten, über 600 Abbildungen, ca. 222 x 275 mm, gebunden
€ (D) 14,99 / € (A) 15,50
ISBN 9783868529531

Porträt einer Taschenuhr
80 Seiten, ca. 80 Abbildungen, 170 x 240 mm, gebunden
€ (D) 19,99 / € (A) 20,50
ISBN 9783868520194

Die Reparatur komplizierter Armband- und Taschenuhren
144 Seiten, gebunden, 150 x 215 mm
€ (D) 14,99 / € (A) 15,50
ISBN 9783958438002

Die Schwarzwalduhr
288 Seiten, gebunden, 220 x 285 mm
€ (D) 24,99 / € (A) 25,70
ISBN 9783958437944

Lehrbuch für das Uhrmacherhandwerk Band 1
250 Seiten, 226 s/w-Abbildungen und 23 Tabellen und Tafeln, 170 x 240 mm, gebunden
€ (D) 24,99 / € (A) 25,70
ISBN 9783868522884

Lehrbuch für das Uhrmacherhandwerk Band 2
352 Seiten, 352 s/w-Abbildungen und Illustrationen, 170 x 240 mm, gebunden
€ (D) 24,99 / € (A) 25,70
ISBN 9783868523317

Uhrenlehre
324 Seiten, ca. 152 Abbildungen, gebunden, 153 x 215 mm
€ (D) 19,99 / € (A) 20,50
ISBN 9783958433885

Erhältlich in jeder Buchhandlung oder unter www.heel-verlag.de